JIYU ARM_FPGA DE PLC XITONG YUANLI

基于 ARM_FPGA 的 PLC 系统原理

潘绍明　蔡启仲　李克俭　著

U0202132

西北工业大学出版社

西安

【内容简介】 本书根据高等教育的特点和职业教育人才培养目标,理论与实际相结合,详细介绍 CL 型 PLC,采用 ARM 和 FPGA 双处理器架构,充分利用 ARM 和 FPGA 两者的优势,以 ARM 为控制中心,FPGA 和 ARM 协同工作,运用 FPGA 高速的并行运算性能。具体内容包括结构、指令系统的静态编译和动态编译、PLC 主机、手持编程装置、上位机编程软件以及系统的通信协议等。

本书可作为高等院校、电气类科研机构培训教材,也可供从事自动化控制装置研究的教师、科研人员、研究生等自学参考。

图书在版编目(CIP)数据

基于 ARM_FPGA 的 PLC 系统原理/潘绍明,蔡启仲,
李克俭著. —西安:西北工业大学出版社,2017.5(2018.6 重印)
ISBN 978-7-5612-5349-6

Ⅰ.①基… Ⅱ.①潘… ②蔡… ③李… Ⅲ.①PLC
技术 Ⅳ.①TM571.61

中国版本图书馆 CIP 数据核字(2017)第 098966 号

策划编辑:李　萌
责任编辑:王　尧

出版发行:西北工业大学出版社
通信地址:西安市友谊西路 127 号　　邮编:710072
电　　话:(029)88493844　88491757
网　　址:www.nwpup.com
印 刷 者:兴平市博闻印务有限公司
开　　本:787 mm×1 092 mm　　1/16
印　　张:14.625
字　　数:356 千字
版　　次:2017 年 5 月第 1 版　2018 年 6 月第 2 次印刷
定　　价:52.00 元

前　言

　　作为工业生产自动化的一大支柱,PLC 已由最初的一位机发展到现在的以 16 位和 32 位微处理器构成的微机化 PC,而且实现了多处理器的多通道处理。CL 型 PLC 采用 ARM 和 FPGA设计,充分利用 ARM 和 FPGA 两者的优势,以 ARM 为控制中心,FPGA 和 ARM 协同工作,运用 FPGA 高速的并行运算性能,设计适应并行运算的 PLC 逻辑运算指令系统,由 ARM 系统对 PLC 程序的指令序列进行编译,能够提高 PLC 指令执行的效率和速度。

　　本书重点介绍 CL 型 PLC 的特点以及系统组成,内容包括系统结构、指令系统静态编译和动态编译、PLC 主机、手持编程装置、上位机编程软件以及系统的通信协议等。本书是笔者近几年在 PLC 方面的研究成果。全书共分 7 章,第 1 章概述 CL 型 PLC 的结构特点;第 2 章介绍 CL 型 PLC 的指令系统;第 3 章详细讲解 CL 型 PLC 指令的静态编译和动态编译;第 4 章介绍 CL 型 PLC 主机结构;第 5 章分析介绍 CL 型 PLC 通信系统;第 6 章对 CL 型 PLC 手持式编程装置进行讲解说明;第 7 章介绍 CL 型 PLC 程序 PC 编辑软件。其中第 1,4～7 章由潘绍明撰写,第 2 章由蔡启仲撰写,第 3 章由李克俭撰写。

　　在本书的成书过程中,得到了广西科技大学电气学院领导和西北工业大学出版社领导的大力支持。本书撰写中参考了部分资料,在此对原作者一并表示衷心的感谢。

　　由于水平有限,书中疏漏和不妥之处在所难免,恳请广大读者给予指正,不胜感激!

作　者

2016 年 10 月

目　　录

第1章 绪 论

1.1 PLC 的发展

PLC(Programmable Logical Controller,可编程控制器)是一种数字式电子系统,专门为在工业环境应用而设计。PLC 采用可编程的存储器,用来在其内部存储程序,执行逻辑运算、顺序控制、定时、计数和算术运算等功能的面向用户的指令,并通过数字式或模拟式的输入和输出,控制各种类型的机械或生产过程。PLC 及其相关外部设备,都应按照易于与工业控制系统联成一个整体、易于扩展其功能的原则而设计。PLC 作为一种工业自动控制装置,由于具有编程简单、扩展容易、抗干扰性强、稳定性高等优点,被广泛运用于工业控制的各种领域,极大地促进了工业自动化的发展。

随着嵌入式技术的兴起,极大地促进了我国 PLC 技术的发展,各科研部门、研究机构也做了大量的工作,并取得了一定的成绩。现已有单独使用 32 位 ARM 微处理器设计的 PLC,也有单独使用 FPGA 设计的 PLC,还有利用通用计算机设计的软 PLC。但是把 ARM 微处理器和 FPGA 两者结合起来设计的 PLC 还未见有成熟的产品。

ARM 微处理器具有功耗低、处理速度快、体积小、成本低的特点,在嵌入式领域一直有着广泛的运用。目前比较流行的 ARM 版本有 ARMv4,ARMv5,ARMv6,ARMv7。ARMv7 是 ARM 比较新的构架。而 Cortex-M3 作为 ARMv7 版本的产品,更适合于低功耗、高性能、低成本的工业控制。新型 CL 型 PLC 的 ARM 部分采用 Cortex-M4 构架的 STM32F4 芯片设计。

FPGA(Field Programmable Gate Array),即现场可编程门列阵,是一种可编程的数字芯片,用户可以根据自己的需求来改变配置信息对其功能进行定义。FPGA 具有可编程、高速、高可靠性、高集成度等优点,通过配置芯片内部的逻辑功能以及输入输出端口,将原来的电路板级的设计放在一块芯片中,从而提高了电路的性能,降低了电路设计和调试的难度,缩短了产品的开发周期,有效地提高了电路设计的灵活性和效率。与 ASIC(Application Specific Integrated Circuit)相比,FPGA 可以缩短开发周期,减少前期投资风险,并且硬件升级空间大;与通用 DSP(Digital Signal Processing)器件相比,FPGA 利用并行架构实现 DSP 功能,在不少应用场合性能可超过通用 DSP 处理器的串行执行架构。

1.2 CL 型 PLC 的结构特点

采用 ARM 和 FPGA 设计的 CL 型 PLC,充分利用 ARM 和 FPGA 两者的优势,以 ARM 为控制中心,FPGA 和 ARM 协同工作,运用 FPGA 高速的并行运算性能,设计适应并行运算的 PLC 逻辑运算指令系统,由 ARM 系统对 PLC 程序的指令序列进行编译,能够提高 PLC 指令的执行效率和速度。在 ARM 实现对自身存储器数据正确配置的同时,通过总线接口与数据交换协议实现对 FPGA 中定时器、计数器、PLC 输入信息采集和输出信息控制模块、逻辑运算控制器等并行控制模块数据的正确配置。

在 PLC 用户程序下载到 ARM 中后,ARM 需要对 PLC 源程序进行编译,以生成 PLC 中 FPGA 部分能够识别的机器码。首先,ARM 需要对 PLC 源程序进行静态编译,这次编译在 PLC 用户程序下载后只执行一次。静态编译一方面根据 PLC 用户程序的内容对 PLC 运行环境进行初始化,比如 PLC 软元件映像区、部分 PLC 寄存器等;另一方面对 PLC 源程序进行预处理。然后,在 PLC 用户程序的执行过程中,ARM 要结合 PLC 的输入输出、运行状态对静态编译的结果进行动态编译,生成 FPGA 部分能够识别的机器码。PLC 的数据配置以及 FSMC 总线接口与 PLC 的静态编译和动态编译紧密相关。PLC 的数据配置存在于静态编译和动态编译整个过程中,而动态编译生成的机器码又需要通过 FSMC 总线接口对 FPGA 进行数据配置。ARM 不仅要对自身所连接的存储器进行数据配置,而且要对 FPGA 中定时器、计数器、PLC 输入信息采集和输出信息控制模块、逻辑运算控制器等并行控制模块进行数据配置。而 FPGA 也需要把 ARM 所需要的数据传输给 ARM。因此,ARM 与 FPGA 之间协调、有序、高速的数据传输依赖于 ARM 与 FPGA 间总线接口电路和数据交换协议的设计以及 PLC 内部数据的正确配置。

为了满足 CL 型 PLC 系统 ARM 与 FPGA 间协调工作、高速通信的需要,ARM 和 FPGA 采用 FSMC 的总线方式进行通信。在 ARM 实现对自身存储器数据正确配置的同时,通过 FSMC 总线接口与数据交换协议实现对 FPGA 中定时器、计数器、PLC 输入信息采集和输出信息控制模块、逻辑运算控制器等并行控制模块数据的正确配置。

采用 ARM 和 FPGA 设计的 CL 型的 PLC 的系统组成如图 1-1 所示。

CL 型 PLC 系统除了由 ARM 和 FPGA 共同组成 PLC 主机外,还包括手持编程器、人机界面、上位机等外部设备,它们通过同一条 CAN 总线和 PLC 主机连接通信,构成了一个 CAN 总线网络。

以下介绍 PLC 系统中各部分的功能和特点。

1. PLC 主机的 ARM 部分

ARM 是 PLC 主机的重要组成部分,主要负责 PLC 用户源程序的下载,与上位机及人机界面等外部设备的通信,PLC 用户源程序的静态编译和动态编译,以及对 FPGA 和自身相关数据的配置等工作。在用户源程序由上位机软件或手持编程器下载到 ARM 系统后,ARM 需要把用户源程序下载到 FLASH 中,然后对用户源程序进行静态编译,静态编译一方面把用户源程序中的软元件转换成地址,以便在动态编译中读写软元件信息,另一方面提取用户程序中的部分配置参数,保存到存储器后,对系统进行静态数据配置。静态编译完成后,通过动态编译对静态编译后的指令进行取指令、分析指令和执行指令操作,完成对自身存储器和 FPGA 的动态数据配置。

2. PLC 主机的 FPGA 部分

FPGA 作为 PLC 主机的主要组成部分,主要负责基本指令的执行、PLC 的输入采集和输出刷新、定时器的定时以及计数器的计数等功能。ARM 对 FPGA 的数据配置是通过 FPGA 内设计的双口 RAM 进行的。

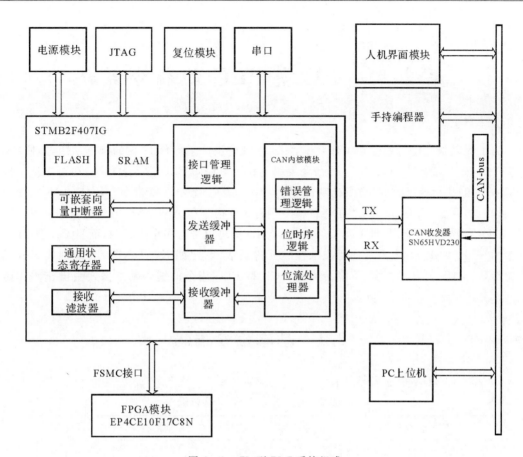

图 1-1　CL 型 PLC 系统组成

3. 上位机

上位机用于 PLC 用户程序的编写,以及把用户程序按照设计的指令编码表转换成二进制代码,然后下载到 ARM 中已分配好的 PLC 源程序存储区。此外,PLC 主机还可以监视 PLC 主机的软元件状态,并修改 PLC 的部分参数。

4. 人机界面

PLC 的人机界面主要是为 PLC 的实际应用而开发设计的。有些应用需要 PLC 提供人机界面功能,通过人机界面来监控系统的运行。这些人机界面需要根据不同的应用而开发定制。

5. 手持编程器

手持编程器可以编辑 PLC 用户程序,然后下载到 PLC 主机中。手持编程器体积小,携带方便,主要是为了便于在工业控制现场快速地编辑调试 PLC 程序。

第 2 章 CL 型 PLC 的指令系统

为了提高指令运行速度和工作效率,CL 型 PLC 设计了一套 32 位的指令系统,方便 ARM 和 FPGA 来执行指令。CL 型 PLC 指令编码不仅可以缩短 PLC 指令表程序,还可以加快指令在 PLC 中的执行速度,一些指令的功能也得到了加强。比如,LD 指令在传统的 PLC 指令中代表母线的开始,而 CL 型 PLC 的 LD 指令则有 LD 指令和 AND 指令的功能,LDR 指令则有 LD 和 OR 指令的功能,并且 LD,LDR,OR,AND 都可以带有多个操作数,而且 CL 型 PLC 指令中的常闭、下降沿和上升沿的标志都在软元件后表示,比如 X,XI,XP,XF 分别代表软元件 X 为常开、常闭、上升沿检测、下降沿检测。CL 型 PLC 指令的编码基本格式由操作码和操作数两部分组成。

2.1 基本指令编码

CL 型 PLC 基本指令编码见表 2-1。

表 2-1 基本指令编码总表

编号	基本指令编码			指令名称	功能	辅助符号	等效指令	备注
	D31~D28	D27	D26~D22					
1	0001 ⋮ 0101	0		LD	带公共母线与	常开:无符号 常闭:I 上升沿:P 下降沿:F	LD LDI LDP LDF	至少1个操作数
2	0001 ⋮ 0101	1		LDR	带公共母线或	同上	LDR,LDRI LDRP,LDRF	至少1个操作数
3	1001 ⋮ 1101	0		AND	与	同上	AND,ANI ANP,ANF	至少1个操作数
4	1001 ⋮ 1101	1		OR	或	同上	OR,ORI ORP,ORF	至少1个操作数
5			000000	NOP	空操作			
6			000001	MPS	入栈			

— 4 —

续 表

编号	基本指令编码			指令名称	功能	辅助符号	等效指令	备注
	D31～D28	D27	D26～D22					
7			000010	MRD	出栈			无操作数
8			000011	MPP	出栈并复位			
9			000100	ANB	块与			
10			000101	ORB	块或			
11			000110	INV	运算结果取反			
12			000111	END	结束			
						D21～D19		
13	0110		001000	SET	置位	000～010		1 个操作数
14			001001	RST	复位	000～111		
15			001010	PLS	上升沿	000～001		
16			001011	PLF	下降沿	000～001		
17			010000	OUT	输出	000～010		
18			001110	MCR	清除主控			N 级号
19			001101	MC	主控			N 级号
20			001111	STL	步进开始			1 个操作数
21			001100	RET	步进结束返回			无操作数

2.1.1　LD,OR,LDR,AND 带 1 个操作数指令编码(见表 2-2)

表 2-2　基本指令的带 1 个操作数指令编码

指令位数	指令编码/第 1 操作数								
	D31～D28	D27	D26 D25	D24 D23	D22～D17	D16	D15	D14～D13	D12～D0
LD 或 LDR	0001	0　LD 1　LDR			D26～D17： 1 024 个 MI 位地址	00:常开 01:I,常闭 10:P,常开上升沿 11:F,常开下降沿	11:结束	无关项(置 1)	
	0010				D26～D16： 2 048 个 MII 位地址	0:常开 1:I			

续 表

指令	指令编码/第1操作数								
位数	D31~D28	D27	D26 D25	D24 D23	D22~D17	D16	D15	D14~D13	D12~D0
	0011		00	256 个 S 位地址					
	0100		00	00	64 个 X	00:常开 01:I,常闭 10:P,常开上升沿 11:F,常开下降沿			
			01	00	Y				
	0101		00	256 个 T 位地址					
			01	256 个 C 位地址					
	0110	其他基本指令和步进指令							
	0111	应用指令							
OR 或 AND	1001	0 AND 1 OR	D26~D17： 1 024 个 MI 位地址			00:常开 01:I,常闭 10:P,常开上升沿 11:F,常开下降沿		11:结束	无关项(置1)
	1010		D26~D16： 2 048 个 MII 位地址				0:常开 1:I		
	1011		00	256 个 S 位地址					
	1100		00	00	64 个 X	00:常开 01:I,常闭 10:P,常开上升沿 11:F,常开下降沿			
	1101		01	00	Y				
			00	256 个 T 位地址					
			01	256 个 C 位地址					
	0000	备用							
	1111								

2.1.2　LD,OR,LDR,AND 带 2 个以上的操作数指令编码(见表 2-3)

表 2-3　基本指令的带 2 个操作数指令编码

指令	指令编码/第 1 操作数							指令编码/第 2 操作数						
位数	D31~D28	D27	D26 D25	D24 D23	D22~D17	D16	D15	D14~D13	D12 D11	D10 D9	D8~D3	D2	D1	D0
LD 或 LDR	0001	0 LD	D26~D17: MI 位地址			00:常开 01:I 10:P 11:F		00:MI	1 024 个位地址			00:常开 01:I 10:P 11:F		0:指令未结束
	0010		D26~D16:MII 位地址			0:常开 1:I		01:MII	2 048 个位地址			0:常开 1:I		
	0011	1 LDR	00	256 个 S 位地址		00:常开 01:I 10:P 11:F		10:X Y S T C	00: X,Y	00:X 10:Y	64 个位地址	00:常开 01:I 10:P 10:F		1:指令结束
	0100		00	00	64 个 X									
			01	00	Y				01:S	256 个 S 位地址				
	0101		00	256 个 T 位地址					10:T	256 个位地址				
			01	C 位地址					11:C					
	0110	其他基本指令和步进指令												
	0111	应用指令												
OR 或 AND	1001	0 AND	D26~D17: MI 位地址			00:常开 01:I 10:P 11:F		00:MI	1 024 个位地址			00:常开 01:I 10:P 11:F		0:指令未结束
	1010		D26~D16:MII 位地址			0:常开 1:I		01:MII	2 048 个位地址			0:常开 1:I		
	1011	1 OR	00	256 个 S 位地址		00:常开 01:I 10:P 11:F		10:X Y S T C	00: X,Y	00:X 10:Y	64 个位地址	00:常开 01:I 10:P 11:F		1:指令结束
	1100		00	00	64 个 X									
			01	00	Y				01:S	256 个 S 位地址				
	1101		00	256 个 T 位地址					10:T	256 个位地址				
			01	C 位地址					11:C					
	1110	OUT(T/C)												
	1111	备用												

注:第 2 操作数类型根据指令要求确定,可以是 MI,MII,S,X,Y,T,C 中的任意一种。

2.2 其他基本指令与步进指令编码

CL 型 PLC 其他基本指令与步进指令编码见表 2-4。

表 2-4 基本指令的带 2 个操作数(双操作数)指令编码

	D31~D28	D27~D22	D21~D19	D18	D17~D14	D13~D12	D11~D8	D7~D6	D5~D3	D2~D0
无操作数	0110	000000(NOP)	置1							
		000001(MPS)								
		000010(MRD)								
		000011(MPP)								
		000100(ANB)								
		000101(ORB)								
		000110(INV)								
		000111(END)								
单操作数	0110	001000(SET)	000:Y	置1					位地址	
			001:M		置1				位地址	
			010:S			置1				位地址
		001001(RST)	000:Y	置1					位地址	
			001:M		置1				位地址	
			010:S			置1				位地址
			011:T			置1				位地址
			100:C			置1				位地址
			101:D	置1			位地址			
			110:V				置1			位地址
			111:Z				置1			位地址
		001010(PLS)	000:Y	置1					位地址	
		001011(PLF)	001:M		置1				位地址	
		010000(OUT)	000:Y	置1					位地址	
			001:M		置1				位地址	
			010:S			置1				位地址
双操作数 (OUT)	1110	00(T)K	位地址(8位)	1			初值(17位)			
		01(T)D	位地址(8位)		置1		D编号			
		10(C)K	位地址(8位)	1			初值(7位)			
		11(C)D	位地址(8位)		置1		D编号			
主控	0110	001101(MC)	N编号 (0—7)	0:Y	置1				位地址	
				1:M		置1				位地址
		001110(MCR)	N编号 (0—7)	置1						
步进梯形图指令	0110	001111(STL)	置1				S位地址			
		001100(RET)	置1							

2.3　流向控制指令

1. 条件跳步

指令的功能:使程序转移到指针所标位置;

指令助记符:CJ,CJ(P);

说明:用一个 32 位二进制数表示。

指令名称	功能号	指令编码		脉冲执行方式	备用	转移地址
		D31~D28	D27~D20	D19	D18~D7	D6~D0
条件跳步	00	0111	00000000	0　CJ 1　CJ(P)	置 1	P0~127

2. 子程序调用

指令的功能:调用执行子程序;

指令助记符:CALL,CALL(P);

说明:用一个 32 位二进制数表示。

指令名称	功能号	指令编码		脉冲执行方式	备用	转移地址
		D31~D28	D27~D20	D19	D18~D7	D6~D0
子程序调用	01	0111	00000001	0　CALL 1　CALL(P)	置 1	P0~127

3. 子程序返回

指令的功能:从子程序返回执行;

指令助记符:SRET;

说明:用一个 32 位二进制数表示。

指令名称	功能号	指令编码		备注
		D31~D28	D27~D20	D20~D0
子程序返回	02	0111	00000010	置 1

4. 中断返回

指令的功能:从中断子程序返回运行;

指令助记符:IRET;

说明:用一个 32 位二进制数表示。

指令名称	功能号	指令编码		备注
		D31~D28	D27~D20	D19~D0
中断返回	03	0111	00000011	置1

5. 开中断

指令的功能:允许中断;

指令助记符:EI;

说明:用一个 32 位二进制数表示。

指令名称	功能号	指令编码		备注
		D31~D28	D27~D20	D19~D0
开中断	04	0111	0000000	置1

6. 关中断

指令的功能:禁止中断;

指令助记符:DI;

说明:用一个 32 位二进制数表示。

指令名称	功能号	指令编码		备注
		D31~D28	D27~D20	D19~D0
关中断	05	0111	00000101	置1

7. 主程序结束

指令的功能:主程序结束;

指令助记符:FEND;

说明:用一个 32 位二进制数表示。

指令名称	功能号	指令编码		备注
		D31~D28	D27~D20	D19~D0
主程序结束	06	0111	00000110	置1

8. 警戒时钟刷新

指令的功能:警戒时钟刷新;

指令助记符:WDT,WDT(P);

说明:用一个 32 位二进制数表示。

指令名称	功能号	指令编码		备注	
		D31~D28	D27~D20	D19	D18~D0
警戒时钟刷新	07	0111	00000111	0 WDT 1 WDT(P)	置1

9. 循环开始

指令的功能:循环开始;

指令助记符:FOR;

说明:用一个 32 位二进制数表示;FOR 循环次数取值范围为 1～32 767。

指令名称	功能号	指令编码		软元件	转移地址		备注
		D31～D28	D27～D20	D19～D16			
循环开始	08	0111	00001000	0000　T	D15～D8 T 位地址		D7～D0 置 1
				0001　C	D15～D8 C 位地址		D7～D0 置 1
				0010　D	D15～D3 D 地址		D2～D0 置 1
				0011　K	D15～D1 0～32767		D0 置 1
				0100　H	D15～D3 0～8000		D2～D0 置 1
				0101　V	D15～D13 V0～V7		D12～D0 置 1
				0110　Z	D15～D13 Z0～Z7		D12～D0 置 1
				0111　K_nX	D15～D10 X 位地址	D9～D7 n 值	D6～D0 置 1
				1000　K_nY	D15～D10 Y 位地址	D9～D7 n 值	D6～D0 置 1
				1001　K_nS	D15～D8 S 位地址	D7～D5 n 值	D4～D0 置 1
				1010　K_nMI	D15～D6 MI 位地址	D5～D3 n 值	D2～D0 置 1
				1011　K_nMII	D15～D5 MII 位地址	D4～D2 n 值	D1～D0 置 1

10. 循环结束

指令的功能:循环结束;

指令助记符:NEXT;

说明:用一个 32 位二进制数表示。

指令名称	功能号	指令编码		备注
		D31～D28	D27～D20	D19～D0
循环结束	09	0111	00001001	置 1

2.4　数据传输与比较

1.数据比较

指令的功能:将源[S1·]与[S2·]内数据进行比较,结果送到目标元件(三个连续元件)中,以判断二数大小,或相等否;

指令助记符:CMP,CMP(P);

说明:用两个 32 位二进制数表示;[D·]占 3 点,为三个连续元件。

指令名称	功能号	指令编码		脉冲执行方式	[S1·]			
					软元件	转移地址	备注	
		D31～D28	D27～D20	D19	D18～D15			
数据比较	10	0111	00001010	0　CMP 1　CMP(P)	0000　T	D14～D7 T 位地址	D6～D0 置 1	
					0001　C	D14～D7 C 位地址	D6～D0 置 1	
					0010　D	D14～D2 D 地址	D1～D0 置 1	
					0011　K	D14～D0 K 值		
					0100　H	D14～D0 H 值		
					0101　V	D14～D12 V0～V7	D11～D0 置 1	
					0110　Z	D14～D12 Z0～Z7	D11～D0 置 1	
					0111 K_nX	D15～D8 X 位地址	D7～D5 n 值	D4～D0 置 1
					1000 K_nY	D14～D7 Y 位地址	D6～D4 n 值	D3～D0 置 1

续表

指令名称	功能号	指令编码		脉冲执行方式	[S1·]			
		D31~D28	D27~D20	D19	软元件 D18~D15	转移地址	备注	
					1001 K_S	D14~D7 S 位地址	D6~D4 n 值	D3~D0 置 1
					1010 K_n MI	D14~D5 MI 位地址	D4~D2 n 值	D1~D0 置 1
					1011 K_n MII	D14~D4 MII 位地址	D3~D1 n 值	D0 置 1

第二个源操作数与目标操作数。

[S2·]			[D·]		
软元件	转移地址	备注	软元件	转移地址	备注
D31~D28			D14~D12		
0000　T	D27~D20 T 位地址	D19~D15 置 1	000　Y	D11~D6 Y 位地址	D5~D0 置 1
0001　C	D27~D20 C 位地址	D19~D15 置 1	001　S	D11~D4 S 位地址	D3~D0 置 1
0010　D	D27~D15 D 地址				
0011　K	D27~D15 K 值		010　MI	D11~D2 MI 位地址	D1~D0 置 1
0100　H	D27~D15 H 值				
0101　V	D27~D25 V0~V7	D24~D15 置 1	011　MII	D11~D1 MII 位地址	D0 置 1
0110　Z	D27~D25 Z0~Z7	D24~D15 置 1			
0111　K_n X	D27~D22 X 位地址	D21~D19 n 值　D18~D15 置 1			
1000　K_n Y	D27~D22 Y 位地址	D21~D19 n 值　D18~D15 置 1			

续 表

[S2·]			[D·]		
软元件	转移地址	备注	软元件	转移地址	备注
1001 $K_n S$	D27～D22 S 位地址	D21～D15 n 值			
1010 $K_n MI$	D27～D18 M1 位地址	D17～D15 n 值			
1011 $K_n MII$	D27～D17 M2 位地址	D16～D15 n 值			

2. 数据区间比较

指令的功能:将源数据[S3·]与数据区间[S1·]与[S2·]进行比较,结果送目标元件(三个连续元件)中。

指令助记符:ZCP,ZCP(P);

说明:用三个 32 位二进制数表示。

指令名称	功能号	指令编码		脉冲 执行方式	[S·]		
		D31～D28	D27～D20	D19	D18～D15	转移地址	备注
					软元件		
数据 区间比较	11	0111	00001011	0 ZCP 1 ZCP(P)	0000 T	D14～D7 T 位地址	D6～D0 置 1
					0001 C	D14～D7 C 位地址	D6～D0 置 1
					0010 D	D14～D2 D 地址	D1～D0 置 1
					0011 K	D14～D0 VK 值	
					0100 H	D14～D0 H 值	
					0101 V	D14～D12 V0～V7	D11～D0 置 1
					0110 Z	D14～D12 Z0～Z7	D11～D0 置 1

续 表

指令名称	功能号	指令编码		脉冲执行方式	[S1·]			
		D31~D28	D27~D20	D19	软元件 D18~D15	转移地址	备注	
					0111 $K_n X$	D14~D9 X 位地址	D8~D6 n 值	D5~D0 置 1
					1000 $K_n Y$	D14~D9 Y 位地址	D8~D6 n 值	D5~D0 置 1
					1001 $K_n S$	D14~D9 S 位地址	D8~D6 n 值	D5~D0 置 1
					1010 $K_n MI$	D14~D5 MI 位地址	D4~D2 n 值	D1~D0 置 1
					1011 $K_n MII$	D14~D4 MII 位地址	D3~D1 n 值	D0 置 1

第二个源操作数。

[S2·]		
软元件	转移地址	备注
D31~D28		
0000　T	D27~D20 T 位地址	D19~D0 置 1
0001　C	D27~D20 C 位地址	D19~D0 置 1
0010　D	D27~D15 D 地址	D14~D0 置 1
0011　K	D27~D0 K 值	
0100　H	D27~D0 H 值	
0101　V	D27~D25 V0~V7	D24~D0 置 1
0110　Z	D27~D25 Z0~Z7	D24~D0 置 1
0111　$K_n X$	D27~D20 X 位地址	D19~D17 n 值　　D16~D0 置 1

续 表

[S2·]			
软元件	转移地址	备注	
1000　$K_n Y$	D27～D20 Y 位地址	D19～D17 n 值	D16～D0 置 1
1001　$K_n S$	D27～D20 S 位地址	D19～D17 n 值	D16～D0 置 1
1010　$K_n MI$	D27～D18 MI 位地址	D17～D15 n 值	D14～D0 置 1
1011　$K_n MII$	D27～D17 MII 位地址	D16～D14 n 值	D13～D0 置 1

第三个源操作数与目标操作数。

[S3·]			[D·]		
软元件	转移地址	备注	软元件	转移地址	备注
D31～D28			D13～D12		
0000　T	D27～D20 T 位地址	D19～D14 置 1	00　Y	D11～D6 Y 位地址	D5～D0 置 1
0001　C	D27～D20 C 位地址	D19～D14 置 1	01　S	D11～D4 S 位地址	D3～D0 置 1
0010　D	D27～D15 D 地址				
0011　K	D27～D15 K 值		10　MI	D11～D2 MI 位地址	D1～D0 置 1
0100　H	D27～D15 H 值				
0101　V	D27～D25 V0～V7	D24～D14 置 1			
0110　Z	D27～D25 Z0～Z7	D24～D14 置 1	11　MII	D11～D1 MII 位地址	D0 置 1
0111　$K_n X$	D27～D22 X 位地址	D21～D19 n 值 / D18～D14 置 1			
1000　$K_n Y$	D27～D22 Y 位地址	D21～D19 n 值 / D18～D14 置 1			

续 表

[S3·]			[D·]		
软元件	转移地址	备注	软元件	转移地址	备注
1001　K_nS	D27～D20 S 位地址	D19～D17 n 值			
1010　K_nMI	D27～D18 MI 位地址	D17～D14 n 值			
1011　K_nMII	D27～D17 MII 位地址	D16～D14 n 值			

3. 数据传送

指令的功能:将源数据传送到指定目标;

指令助记符:MOV,MOV(P);

说明:用两个 32 位二进制数表示。

指令名称	功能号	指令编码		脉冲 执行方式	[S·]		
		D31～D28	D27～D20	D19	软元件 D18～D15	转移地址	备注
数据 传送	12	0111	00001100	0 MOV 1 MOV(P)	0000　T	D14～D7 T 位地址	D6～D0 置 1
					0001　C	D14～D7 C 位地址	D6～D0 置 1
					0010　D	D14～D2 D 地址	D1～D0 置 1
					0011　K	D14～D0 K 值	
					0100　H	D14～D0 H 值	
					0101　V	D14～D12 V0～V7	D11～D0 置 1
					0110　Z	D14～D12 Z0～Z7	D11～D0 置 1
					0111 K_nX	D14～D9 X 位地址	D8～D6 n 值　D5～D0 置 1

续 表

指令名称	功能号	指令编码		脉冲执行方式	[S·]			
		D31~D28	D27~D20	D19	软元件 D18~D15	转移地址	备注	
					1000 K_nY	D14~D9 Y位地址	D8~D6 n值	D5~D0 置1
					1001 K_nS	D14~D7 S位地址	D6~D4 n值	D3~D0 置1
					1010 K_nMI	D14~D5 MI位地址	D4~D2 n值	D1~D0 置1
					1011 K_nMII	D14~D4 MII位地址	D3~D1 n值	D0 置1

目标操作数

[D·]		
软元件 D31~D28	转移地址	备注
0000　T	D27~D20 T位地址	D19~D0 置1
0001　C	D27~D20 C位地址	D19~D0 置1
0010　D	D27~D15 D地址	D14~D0 置1
0011　V	D27~D25 V0~V7	D24~D0 置1
0100　Z	D27~D25 Z0~Z7	D24~D0 置1
0101　K_nY	D27~D22 Y位地址 / D21~D19 n值	D18~D0 置1
0110　K_nS	D27~D20 S位地址 / D19~D17 n值	D16~D0 置1
0111　K_nMI	D27~D18 MI位地址 / D17~D15 n值	D14~D0 置1
1000　K_nMII	D27~D17 MII位地址 / D16~D14 n值	D13~D0 置1

11. 移位传送

指令的功能:将源[S·]中的二进制数转换成 BCD 码,然后移位传送;

指令助记符:SMOV,SMOV(P);

说明:用两个 32 位二进制数表示;m1,m2,n=1～4。

指令名称	功能号	指令编码		脉冲执行方式	[S·]			
					软元件	转移地址	备注	
		D31～D28	D27～D20	D19	D18～D15			
移位传送	13	0111	00001101	0 SMOV 1 SMOV(P)	0000　T	D14～D7 T 位地址	D6～D0 置 1	
					0001　C	D14～D7 C 位地址	D6～D0 置 1	
					0010　D	D14～D2 D 地址	D1～D0 置 1	
					0011　K	D14～D0 K 值		
					0100　H	D14～D0 H 值		
					0101　V	D14～D12 V0～V7	D11～D0 置 1	
					0110　Z	D14～D12 Z0～Z7	D11～D0 置 1	
					0111 $K_n X$	D14～D9 X 位地址	D8～D6 n 值	D5～D0 置 1
					1000 $K_n Y$	D14～D9 Y 位地址	D8～D6 n 值	D5～D0 置 1
					1001 $K_n S$	D14～D7 S 位地址	D6～D4 n 值	D3～D0 置 1
					1010 $K_n MI$	D14～D5 MI 位地址	D4～D2 n 值	D1～D0 置 1
					1011 $K_n MII$	D14～D4 MII 位地址	D3～D1 n 值	D0 置 1

目标操作数与 m1,m2,n。

软元件 D31~D28	[D·] 转移地址	[D·] 备注		m1 D13~D12	m2 D11~D10	n D9~D8	D7~D0
0000 T	D27~D20 T 位地址	D19~D14 置1					置1
0001 C	D27~D20 C 位地址	D19~D14 置1					
0010 D	D27~D15 D 地址						
0011 V	D27~D25 V0~V7	D24~D14 置1		00:K1 01:K2 10:K3 11:K4	00:K1 01:K2 10:K3 11:K4	00:K1 01:K2 10:K3 11:K4	置1
0100 Z	D27~D25 Z0~Z7	D24~D14 置1					
0101 K_nY	D27~D22 Y 位地址	D21~D19 n 值	D18~D14 置1				
0110 K_nS	D27~D20 S 位地址	D19~D17 n 值	D16~D14 置1				置1
0111 K_nMI	D27~D18 MI 位地址	D17~D15 n 值	D14 置1				
1000 K_nMII	D27~D17 MII 位地址	D16~D14 n 值					

4.数据取反传送

指令的功能:将源数据逐位取反并传送到指定目标[D]中;

指令助记符:CML,CML(P);

说明:用两个 32 位二进制数表示。

指令名称	功能号	指令编码	指令编码	脉冲执行方式	[S·] 软元件	[S·] 转移地址	[S·] 备注
		D31~D28	D27~D20	D19	D18~D15		
数据取反传送	14	0111	00001110	0 CML	0000 T	D14~D7 T 位地址	D6~D0 置1
				1 CML(P)	0001 C	D14~D7 C 位地址	D6~D0 置1

续 表

指令名称	功能号	指令编码		脉冲执行方式	[S·]			
					软元件	转移地址	备注	
		D31～D28	D27～D20	D19	D18～D15			
					0010　D	D14～D2 D 地址	D1～D0 置 1	
					0011　K	D14～D0 K 值		
					0100　H	D14～D0 H 值		
					0101　V	D14～D12 V0～V7	D11～D0 置 1	
					0110　Z	D14～D12 Z0～Z7	D11～D0 置 1	
					0111 K_nX	D14～D9 X 位地址	D8～D6 n 值	D5～D0 置 1
					1000 K_nY	D14～D9 Y 位地址	D8～D6 n 值	D5～D0 置 1
					1001 K_nS	D14～D9 S 位地址	D8～D6 n 值	D5～D0 置 1
					1010 K_nMI	D14～D5 MI 位地址	D4～D2 n 值	D1～D0 置 1
					1011 K_nMII	D14～D4 MII 位地址	D3～D1 n 值	D0 置 1

目标操作数

[D·]		
软元件 D31～D28	转移地址	备注
0000　T	D27～D20 T 位地址	D19～D0 置 1
0001　C	D27～D20 C 位地址	D19～D0 置 1

续 表

软元件 D31～D28	转移地址	备注	
0010　D	D27～D15 D 地址	D14～D0 置 1	
0011　V	D27～D25 V0～V7	D24～D0 置 1	
0100　Z	D27～D25 Z0～Z7	D24～D0 置 1	
0101　K_nY	D27～D20 Y 位地址	D19～D17 n 值	D16～D0 置 1
0110　K_nS	D27～D20 S 位地址	D18～D16 n 值	D15～D0 置 1
0111　K_nMI	D27～D18 MI 位地址	D17～D15 n 值	D14～D0 置 1
1000　K_nMII	D27～D17 MII 位地址	D16～D14 n 值	D13～D0 置 1

（表首为 [D·]）

5.数据块传送

指令的功能：从源操作数指定元件开始的几个数据传送到指定目标；

指令助记符：BMOV,BMOV(P)；

说明：用两个 32 位二进制数表示；n:K,H,D,n≤512。

指令名称	功能号	指令编码		脉冲 执行方式	[S·]			
		D31～D28	D27～D20	D19	软元件 D18～D15	转移地址	备注	
数据块 传送	15	0111	00001111	0 BMOV 1 BMOV(P)	0000　T	D14～D7 T 位地址	D6～D0 置 1	
					0001　C	D14～D7 C 位地址	D6～D0 置 1	
					0010　D	D14～D2 D 地址	D1～D0 置 1	
					0011　K	D14～D0 K 值		

续 表

指令名称	功能号	指令编码		脉冲执行方式	[S·]		
		D31~D28	D27~D20	D19	软元件 D18~D15	转移地址	备注
					0100　H	D14~D0 H 值	
					0101　V	D14~D12 V0~V7	D11~D0 置 1
					0110　Z	D14~D12 Z0~Z7	D11~D0 置 1
					0111 KₙX	D14~D10 X 位地址	D9~D7 n 值　　D6~D0 置 1
					1000 KₙY	D14~D10 Y 位地址	D9~D7 n 值　　D6~D0 置 1
					1001 KₙS	D14~D10 S 位地址	D9~D7 n 值　　D6~D0 置 1
					1010 KₙMI	D14~D5 MI 位地址	D4~D2 n 值　　D1~D0 置 1
					1011 KₙMII	D14~D4 MII 位地址	D3~D1 n 值　　D0 置 1

目标操作数与 n。

[D·]			n		
软元件 D31~D28	转移地址	备注	D13		
0000　T	D27~D20 T 位地址	D19~D14 置 1			
0001　C	D27~D20 C 位地址	D19~D14 置 1	0	D12~D4	D3~D0 置 1
0010　D	D27~D15 D 地址		K	0~512	
0011　V	D27~D25 V0~V7	D24~D14 置 1			

续 表

[D·]			n		
软元件 D31～D28	转移地址	备注	D13		
0100 Z	D27～D25 Z0～Z7	D24～D14 置 1			
0101 $K_n Y$	D27～D22 Y 位地址	D21～D19 n 值	D18～D14 置 1		
0110 $K_n Y$	D27～D20 S 位地址	D19～D17 n 值	D16～D14 置 1	1 H	D12～D5 0～200	D4～D0 置 1
0111 $K_n MI$	D27～D18 MI 位地址	D17～D15 n 值	D14 置 1			
1000 $K_n MII$	D27～D17 MII 位地址	D16～D14 n 值				

6. 多点数据传送

指令的功能:将源元件中的数据传送到指定目标开始的几个元件中去;

指令助记符:FMOV,FMOV(P);

说明:用两个 32 位二进制数表示;n:K,H,n≤512。

指令名称	功能号	指令编码		脉冲 执行方式	[S·]		
		D31～D28	D27～D20	D19	软元件 D18～D15	转移地址	备注
多点 数据传送	16	0111	00010000	0 FMOV 1 FMOV(P)	0000 T	D14～D7 T 位地址	D6～D0 置 1
					0001 C	D14～D7 C 位地址	D6～D0 置 1
					0010 D	D14～D2 D 地址	D1～D0 置 1
					0011 K	D14～D6 0～512	D5～D0 置 1
					0100 H	D14～D7 0～200	D6～D0 置 1
					0101 V	D14～D12 V0～V7	D11～D0 置 1

续　表

指令名称	功能号	指令编码		脉冲执行方式	[S·]			
		D31~D28	D27~D20	D19	软元件 D18~D15	转移地址	备注	
					0110　Z	D14~D12 Z0~Z7	D11~D0 置1	
					0111 KₙX	D14~D9 X 位地址	D8~D6 n 值	D5~D0 置1
					1000 KₙY	D14~D9 Y 位地址	D8~D6 n 值	D5~D0 置1
					1001 KₙS	D14~D9 S 位地址	D8~D6 n 值	D5~D0 置1
					1010 KₙMI	D14~D5 MI 位地址	D4~D2 n 值	D1~D0 置1
					1011 KₙMI	D14~D4 MII 位地址	D3~D1 n 值	D0 置1

目标操作数与 n。

[D·]			n		
软元件 D31~D28	转移地址	备注	D13	D12~D4	D3~D0
0000　T	D27~D20 T 位地址	D19~D14 置1			
0001　C	D27~D20 C 位地址	D19~D4 置1	0 K	D12~D4 0~512	D3~D0 置1
0010　D	D27~D15 D 地址				
0011　V	D27~D25 V0~V7	D24~D14 置1			
0100　Z	D27~D25 Z0~Z7	D24~D14 置1			
0101　KₙY	D27~D20 Y 位地址	D19~D17 n 值　D16~D14 置1			

续 表

[D·]			n		
软元件 D31~D28	转移地址	备注	D13	D12~D5 0~200	D4~D0 置1
0110 KnS	D27~D20 S位地址	D19~D17 n值 / D16~D14 置1	1		
0111 KnMI	D27~D18 MI位地址	D17~D15 n值 / D14 置1	H		
1000 KnMII	D27~D17 MII位地址	D16~D14 n值			

7. 数据交换

指令的功能:将数据在指定元件中交换;

指令助记符:XCH,XCH(P);

说明:用两个 32 位二进制数表示。

指令名称	功能号	指令编码		脉冲执行方式	[S·]				
		D31~D28	D27~D20	D19	软元件 D18~D15	转移地址	备注		
数据交换	17	0111	00010001	0 XCH / 1 XCH(P)	0000 T	D14~D7 T位地址	D6~D0 置1		
					0001 C	D14~D7 C位地址	D6~D0 置1		
					0010 D	D14~D2 D地址	D1~D0 置1		
					0011 V	D14~D12 V0~V7	D11~D0 置1		
					0100 Z	D14~D12 Z0~Z7	D11~D0 置1		
					0101 KnY	D14~D9 Y位地址	D8~D6 n值	D4~D0 置1	
					0110 KnS	D14~D7 S位地址	D6~D4 n值	D3~D0 置1	
					0111 KnMI	D14~D5 MI位地址	D4~D2 n值	D1~D0 置1	

续 表

指令名称	功能号	指令编码		脉冲执行方式	[S·]			
					软元件	转移地址	备注	
		D31～D28	D27～D20	D19	D18～D15			
					1 000 K$_n$MII	D14～D4 MII 位地址	D3～D1 n 值	D0 置 1

第二个目标操作数

[D·]		
软元件 D31～D28	转移地址	备注
0000　T	D27～D20 T 位地址	D19～D0 置 1
0001　C	D27～D20 C 位地址	D19～D0 置 1
0010　D	D27～D15 D 地址	D14～D0 置 1
0011　V	D27～D25 V0～V7	D24～D0 置 1
0100　Z	D27～D25 Z0～Z7	D24～D0 置 1

[D·]			
0101　K$_n$Y	D27～D22 Y 位地址	D21～D19 n 值	D18～D0 置 1
0110　K$_n$S	D27～D20 S 位地址	D19～D17 n 值	D16～D0 置 1
0111　K$_n$MI	D27～D18 MI 位地址	D17～D15 n 值	D14～D0 置 1
1000　K$_n$MII	D27～D17 MII 位地址	D16～D14 n 值	D13～D0 置 1

8. BCD 变换

指令的功能:将源元件中的二进制数转换成 BCD 码传送到目标元件中去;

指令助记符:BCD,BCD(P);

说明:用两个 32 位二进制数表示。

指令名称	功能号	指令编码		脉冲执行方式	[S·]			
					软元件	转移地址	备注	
		D31～D28	D27～D20	D19	D18～D15			
BCD变换	18	0111	00010010	0　BCD 1　BCD(P)	0000　T	D14～D7 T 位地址	D6～D0 置1	
					0001　C	D14～D7 C 位地址	D6～D0 置1	
					0010　D	D14～D2 D 地址	D1～D0 置1	
					0011　K	D14～D0 K 值		
					0100　H	D14～D0 H 值		
					0101　V	D14～D12 V0～V7	D11～D0 置1	
					0110　Z	D14～D12 Z0～Z7	D11～D0 置1	
					0111 $K_n X$	D14～D9 X 位地址	D8～D6 n 值	D5～D0 置1
					1000 $K_n Y$	D14～D9 Y 位地址	D8～D6 n 值	D5～D0 置1
					1001 $K_n S$	D14～D7 S 位地址	D6～D4 n 值	D3～D0 置1
					1010 $K_n MI$	D14～D5 MI 位地址	D4～D2 n 值	D1～D0 置1
					1011 $K_n MII$	D14～D4 MII 位地址	D3～D1 n 值	D0 置1

目标操作数。

[D·]		
软元件 D31～D28	转移地址	备注
0000　T	D27～D20 T 位地址	D19～D0 置1

续 表

[D·]		

软元件 D31~D28	转移地址	备注
0001　C	D27~D20 C 位地址	D19~D0 置 1
0010　D	D27~D15 D 地址	D14~D0 置 1
0011　V	D27~D25 V0~V7	D24~D0 置 1
0100　Z	D27~D25 Z0~Z7	D24~D0 置 1

软元件 D31~D28	转移地址		备注
0101　K_nY	D27~D22 Y 位地址	D21~D19 n 值	D18~D0 置 1
0110　K_nS	D27~D20 S 位地址	D19~D17 n 值	D16~D0 置 1
0111　K_nMI	D27~D18 MI 位地址	D17~D15 n 值	D14~D0 置 1
1000　K_nMII	D27~D17 MII 位地址	D16~D14 n 值	D13~D0 置 1

9. BIN 变换

指令的功能:将源元件中的 BCD 码转换成二进制并传送到目标元件中去;

指令助记符:BIN,BIN(P);

说明:用两个 32 位二进制数表示。

指令名称	功能号	指令编码		脉冲 执行方式	[S·]		
					软元件	转移地址	备注
		D31~D28	D27~D20	D19	D18~D15		
BIN 变换	19	0111	00010011	0　BIN 1　BIN(P)	0000　T	D14~D7 T 位地址	D6~D0 置 1
					0001　C	D14~D7 C 位地址	D6~D0 置 1
					0010　D	D14~D2 D 地址	D1~D0 置 1

续 表

指令名称	功能号	指令编码		脉冲执行方式	[S·]		
					软元件	转移地址	备注
		D31~D28	D27~D20	D19	D18~D15		
					0011 K	D14~D0 K 值	
					0100 H	D14~D0 H 值	
					0101 V	D14~D12 V0~V7	D11~D0 置 1
					0110 Z	D14~D12 Z0~Z7	D1~D0 置 1
					0111 $K_n X$	D14~D9 X 位地址	D8~D6 n 值　D5~D0 置 1
					1000 $K_n Y$	D14~D9 Y 位地址	D8~D6 n 值　D5~D0 置 1
					1001 $K_n S$	D14~D7 S 位地址	D6~D4 n 值　D3~D0 置 1
					1010 $K_n MI$	D14~D5 MI 位地址	D4~D2 n 值　D1~D0 置 1
					1011 $K_n MII$	D14~D4 MII 位地址	D3~D1 n 值　D0 置 1

目标操作数。

[D·]		
软元件 D31~D28	转移地址	备注
0000 T	D27~D20 T 位地址	D19~D0 置 1
0001 C	D27~D20 C 位地址	D19~D0 置 1
0010 D	D27~D15 D 地址	D14~D0 置 1

续 表

[D·]		
软元件 D31～D28	转移地址	备注
0011 V	D27～D25 V0～V7	D24～D0 置 1
0100 Z	D27～D25 Z0～Z7	D24～D0 置 1

0101 K_nY	D27～D22 Y 位地址	D21～D19 n 值	D18～D0 置 1
0110 K_nS	D27～D20 S 位地址	D19～D17 n 值	D16～D0 置 1
0111 K_nMI	D27～D18 MI 位地址	D17～D15 n 值	D14～D0 置 1
1000 K_nMII	D27～D17 MII 位地址	D16～D14 n 值	D13～D0 置 1

2.5 算术运算和逻辑运算

1. 加法

指令的功能:将指定源元件中的二进制数代数相加,结果存放到指定目标元件中;

指令助记符:ADD,ADD(P);

说明:用三个 32 位二进制数表示。

指令名称	功能号	指令编码		脉冲 执行方式	[S·]		
		D31～D28	D27～D20	D19	软元件 D18～D15	转移地址	备注
加法	20	0111	00010100	0 ADD 1 ADD(P)	0000 T	D14～D7 T 位地址	D6～D0 置 1
					0001 C	D14～D7 C 位地址	D6～D0 置 1
					0010 D	D14～D2 D 地址	D1～D0 置 1
					0011 K	D14～D0 K 值	

续 表

指令名称	功能号	指令编码		脉冲执行方式	[S·]			
		D31~D28	D27~D20	D19	软元件	转移地址	备注	
					D18~D15			
					0100　H	D14~D0 H 值		
					0101　V	D14~D12 V0~V7	D11~D0 置 1	
					0110　Z	D14~D12 Z0~Z7	D11~D0 置 1	
					0111 KₙX	D14~D9 X 位地址	D8~D6 n 值	D5~D0 置 1
					1000 KₙY	D14~D9 Y 位地址	D8~D6 n 值	D5~D0 置 1
					1001 KₙS	D14~D7 S 位地址	D6~D4 n 值	D3~D0 置 1
					1010 KₙMI	D14~D5 MI 位地址	D4~D2 n 值	D1~D0 置 1
					1011 KₙMII	D14~D4 MII 位地址	D3~D1 n 值	D0 置 1

第二个源操作数。

[S2·]		
软元件	转移地址	备注
D31~D28		
0000　T	D27~D20 T 位地址	D19~D0 置 1
0001　C	D27~D20 C 位地址	D19~D0 置 1
0010　D	D27~D15 D 地址	D14~D0 置 1
0011　K	D27~D0 K 值	

续 表

[S2·]		

软元件	转移地址	备注
0100　H	D27～D0 H 值	
0101　V	D27～D25 V0～V7	D24～D0 置 1
0110　Z	D27～D25 Z0～Z7	D24～D0 置 1

软元件	转移地址		备注
0111　K_nX	D27～D22 X 位地址	D21～D19 n 值	D18～D0 置 1
1000　K_nY	D27～D22 Y 位地址	D21～D19 n 值	D18～D0 置 1
1001　K_nS	D27～D20 S 位地址	D19～D17 n 值	D16～D0 置 1
1010　K_nMI	D27～D18 MI 位地址	D17～D15 n 值	D14～D0 置 1
1011　K_nMII	D27～D17 MII 位地址	D16～D14 n 值	D13～D0 置 1

目标源操作数。

[D·]		

软元件 D31～D28	转移地址		备注
0000　T	D27～D20 T 位地址		D19～D0 置 1
0001　C	D27～D20 C 位地址		D19～D0 置 1
0010　D	D27～D15 D 地址		D14～D0 置 1
0011　V	D27～D25 V0～V7		D24～D0 置 1
0100　Z	D27～D25 Z0～Z7		D24～D0 置 1
0101　K_nY	D27～D22 Y 位地址	D21～D19 n 值	D18～D0 置 1

续 表

[D·]			
软元件 D31～D28	转移地址	备注	
0110　$K_n S$	D27～D20 S 位地址	D19～D17 n 值	D16～D0 置 1
0111　$K_n MI$	D27～D18 MI 位地址	D17～D15 n 值	D14～D0 置 1
1000　$K_n MII$	D27～D17 MII 位地址	D16～D14 n 值	D13～D0 置 1

2. 减法

指令的功能:指定元件[S1·]中的数减去[S2·]中数,差值送到指定目标元件中;

指令助记符:SUB,SUB(P);

说明:用三个 32 位二进制数表示。

指令名称	功能号	指令编码		脉冲执行方式	[S·]				
		D31～D28	D27～D20	D19	软元件 D18～D15	转移地址	备注		
减法	21	0111	00010101	0　SUB 1　SUB(P)	0000　T	D14～D7 T 位地址	D6～D0 置 1		
					0001　C	D14～D7 C 位地址	D6～D0 置 1		
					0010　D	D14～D2 D 地址	D1～D0 置 1		
					0011　K	D14～D0 K 值			
					0100　H	D14～D0 H 值			
					0101　V	D14～D12 V0～V7	D11～D0 置 1		
					0110　Z	D14～D12 Z0～Z7	D11～D0 置 1		
					0111 $K_n X$	D14～D9 X 位地址	D8～D6 n 值	D5～D0 置 1	

续　表

指令名称	功能号	指令编码		脉冲执行方式	[S·]			
		D31~D28	D27~D20	D19	软元件	转移地址	备注	
					D18~D15			
					1000 K_nY	D14~D9 Y 位地址	D8~D6 n 值	D5~D0 置 1
					1001 K_nS	D14~D7 S 位地址	D6~D4 n 值	D3~D0 置 1
					1010 K_nMI	D14~D5 MI 位地址	D4~D2 n 值	D1~D0 置 1
					1011 K_nMII	D14~D4 MII 位地址	D3~D1 n 值	D0 置 1

第二个源操作数。

[S2·]		
软元件 D31~D28	转移地址	备注
0000　T	D27~D20 T 位地址	D19~D0 置 1
0001　C	D27~D20 C 位地址	D19~D0 置 1
0010　D	D27~D15 D 地址	D14~D0 置 1
0011　K	D27~D0 K 值	
0100　H	D27~D0 H 值	
0101　V	D27~D25 V0~V7	D24~D0 置 1
0110　Z	D27~D25 Z0~Z7	D24~D0 置 1
0111　K_nX	D27~D22 X 位地址	D21~D19 n 值　　D18~D0 置 1
1000　K_nY	D27~D22 Y 位地址	D21~D19 n 值　　D18~D0 置 1

续 表

[S2·]			
软元件 D31～D28	转移地址	备注	
1001　$K_n S$	D27～D20 S 位地址	D19～D17 n 值	D16～D0 置 1
1010　$K_n MI$	D27～D18 MI 位地址	D17～D15 n 值	D14～D0 置 1
1011　$K_n MII$	D27～D17 MII 位地址	D16～D14 n 值	D13～D0 置 1

目标源操作数。

[D·]			
软元件 D31～D28	转移地址	备注	
0000　T	D27～D20 T 位地址	D19～D0 置 1	
0001　C	D27～D20 C 位地址	D19～D0 置 1	
0010　D	D27～D15 D 地址	D14～D0 置 1	
0011　V	D27～D25 V0～V7	D24～D0 置 1	
0100　Z	D27～D25 Z0～Z7	D24～D0 置 1	
0101　K_Y	D27～D22 Y 位地址	D21～D19 n 值	D18～D0 置 1
0110　$K_n S$	D27～D20 S 位地址	D19～D17 n 值	D16～D0 置 1
0111　$K_n MI$	D27～D18 MI 位地址	D17～D15 n 值	D14～D0 置 1
1000　$K_n MII$	D27～D17 MII 位地址	D16～D14 n 值	D13～D0 置 1

3. 乘法

指令的功能:将指定二个源元件中的 16 位或 32 位数相乘,结果送目标元件中;

指令助记符:MUL,MUL(P);

说明:用三个 32 位二进制数表示。

指令名称	功能号	指令编码 D31~D28	指令编码 D27~D20	脉冲执行方式 D19	[S·] 软元件 D18~D15	转移地址	备注	
乘法	22	0111	00010110	0　·MUL 1 MUL(P)	0000　T	D14~D7 T 位地址	D6~D0 置 1		
					0001　C	D14~D7 C 位地址	D6~D0 置 1		
					0010　D	D14~D2 D 地址	D1~D0 置 1		
					0011　K	D14~D0 K 值			
					0100　H	D14~D0 H 值			
					0101　V	D14~D12 V0~V7	D11~D0 置 1		
					0110　Z	D14~D12 Z0~Z7	D11~D0 置 1		
					0111 K_nX	D14~D9 X 位地址	D8~D6 n 值	D5~D0 置 1	
					1000 K_nY	D14~D9 Y 位地址	D8~D6 n 值	D5~D0 置 1	
					1001 K_nS	D14~D7 S 位地址	D6~D4 n 值	D3~D0 置 1	
					1010 K_nMI	D14~D5 MI 位地址	D4~D2 n 值	D1~D0 置 1	
					1011 K_nMII	D14~D4 MII 位地址	D3~D1 n 值	D0 置 1	

第二个源操作数。

软元件	转移地址	备注		
D31～D28				
0000 T	D27～D20 T 位地址	D19～D0 置 1		
0001 C	D27～D20 C 位地址	D19～D0 置 1		
0010 D	D27～D15 D 地址	D14～D0 置 1		
0011 K	D27～D0 K 值			
0100 H	D27～D0 H 值			
0101 V	D27～D25 V0～V7	D24～D0 置 1		
0110 Z	D27～D25 Z0～Z7	D24～D0 置 1		
0111 $K_n X$	D27～D22 X 位地址	D21～D19 n 值	D18～D0 置 1	
1000 $K_n Y$	D27～D22 Y 位地址	D21～D19 n 值	D18～D0 置 1	
1001 $K_n S$	D27～D20 S 位地址	D19～D17 n 值	D16～D0 置 1	
1010 $K_n MI$	D27～D18 MI 位地址	D17～D15 n 值	D14～D0 置 1	
1011 $K_n MII$	D27～D17 MII 位地址	D16～D14 n 值	D13～D0 置 1	

表头：[S2 ·]

目标源操作数。

软元件 D31～D29	转移地址	备注
000 T	D28～D21 T 位地址	D20～D0 置 1
001 C	D28～D21 C 位地址	D20～D0 置 1

表头：[D ·]

续　表

[D·]		
软元件 D31～D29	转移地址	备注
010　D	D28～D26 D 地址	D25～D0 置 1
011　$K_n Y$	D28～D23 Y 位地址	D22～D20 n 值 · D19～D0 置 1
100　$K_n S$	D28～D21 S 位地址	D20～D18 n 值 · D17～D0 置 1
101　$K_n MI$	D28～D19 MI 位地址	D18～D16 n 值 · D15～D0 置 1
110　$K_n MII$	D28～D18 MII 位地址	D17～D15 n 值 · D14～D0 置 1

4. 除法

指令的功能:[S1·]为指定被除数,[S2·]为指定除数商送到指定目标元件中,余数存[D·]的下一个元件;

指令助记符:DIV,DIV(P);

说明:用三个 32 位二进制数表示。

指令名称	功能号	指令编码		脉冲 执行方式	[S·]		
		D31～D28	D27～D20	D19	软元件	转移地址	备注
						D18～D15	
除法	23	0111	00010111	0　DIV 1　DIV(P)	0000　T	D14～D7 T 位地址	D6～D0 置 1
					0001　C	D14～D7 C 位地址	D6～D0 置 1
					0010　D	D14～D2 D 地址	D1～D0 置 1
					0011　K	D14～D0 K 值	
					0100　H	D14～D0 H 值	
					0101　V	D14～D12 V0～V7	D11～D0 置 1

续　表

指令名称	功能号	指令编码		脉冲执行方式	[S·]			
					软元件	转移地址	备注	
		D31~D28	D27~D20	D19	D18~D15			
					0110　Z	D14~D12 Z0~Z7	D11~D0 置 1	
					0111 KₙX	D14~D9 X 位地址	D8~D6 n 值	D5~D0 置 1
					1000 KₙY	D14~D9 Y 位地址	D8~D6 n 值	D5~D0 置 1
					1001 KₙS	D14~D7 S 位地址	D6~D4 n 值	D3~D0 置 1
					1010 KₙMI	D14~D5 MI 位地址	D4~D2 n 值	D1~D0 置 1
					1011 KₙMII	D14~D4 MII 位地址	D3~D1 n 值	D0 置 1

第二个源操作数。

[S2·]		
软元件 D31~D28	转移地址	备注
0000　T	D27~D20 T 位地址	D19~D0 置 1
0001　C	D27~D20 C 位地址	D19~D0 置 1
0010　D	D27~D15 D 地址	D14~D0 置 1
0011　K	D27~D0 K 值	
0100　H	D27~D0 H 值	
0101　V	D27~D25 V0~V7	D24~D0 置 1
0110　Z	D27~D25 Z0~Z7	D24~D0 置 1

续 表

[S2·]			
软元件 D31～D28	转移地址	备注	
0111　K_nX	D27～D22 X 位地址	D21～D19 n 值	D18～D0 置 1
1000　K_nY	D27～D22 Y 位地址	D21～D19 n 值	D18～D0 置 1
1001　K_nS	D27～D20 S 位地址	D19～D17 n 值	D16～D0 置 1
1010　K_nMI	D27～D18 MI 位地址	D17～D15 n 值	D14～D0 置 1
1011　K_nMII	D27～D17 MII 位地址	D16～D14 n 值	D13～D0 置 1

目标源操作数。

[D·]			
软元件 D31～D29	转移地址	备注	
000　T	D28～D21 T 位地址	D20～D0 置 1	
001　C	D28～D21 C 位地址	D20～D0 置 1	
010　D	D28～D26 D 地址	D25～D0 置 1	
011　K_nY	D28～D23 Y 位地址	D22～D20 n 值	D19～D0 置 1
100　K_nS	D28～D21 S 位地址	D20～D18 n 值	D17～D0 置 1
101　K_nMI	D28～D19 MI 位地址	D18～D16 n 值	D15～D0 置 1
110　K_nMII	D28～D18 MII 位地址	D17～D15 n 值	D14～D0 置 1

5. 加 1

指令的功能：目标元件当前值加 1；

指令助记符：INC，INC(P)；

说明:用一个 32 位二进制数表示。

指令名称	功能号	指令编码		脉冲执行方式	[S·]		
		D31~D28	D27~D20	D19	软元件 D18~D15	转移地址	备注
加 1	24	0111	00011000	0 INC 1 INC(P)	0000 T	D14~D7 T 位地址	D6~D0 置 1
					0001 C	D14~D7 C 位地址	D6~D0 置 1
					0010 D	D14~D2 D 地址	D1~D0 置 1
					0011 V	D14~D12 V0~V7	D11~D0 置 1
					0100 Z	D14~D12 Z0~Z7	D11~D0 置 1
					0101 K_nY	D14~D9 Y 位地址	D8~D6 n 值 D5~D0 置 1
					0110 K_nS	D14~D7 S 位地址	D6~D4 n 值 D3~D0 置 1
					0111 K_nMI	D14~D5 MI 位地址	D4~D2 n 值 D1~D0 置 1
					1000 K_nMII	D14~D4 MII 位地址	D3~D1 n 值 D0 置 1

6.减 1

指令的功能:目标元件当前值减 1;

指令助记符:DEC,DEC(P);

说明:用一个 32 位二进制数表示。

指令名称	功能号	指令编码		脉冲执行方式	[S·]		
		D31~D28	D27~D20	D19	软元件 D18~D15	转移地址	备注
					0000 T	D14~D7 T 位地址	D6~D0 置 1

续 表

指令名称	功能号	指令编码		脉冲执行方式	[S·]			
		D31~D28	D27~D20	D19	软元件 D18~D15	转移地址	备注	
减1	25	0111	00011001	0 DEC 1 DEC(P)	0001　C	D14~D7 C 位地址	D6~D0 置1	
					0010　D	D14~D2 D 地址	D1~D0 置1	
					0011　V	D14~D12 V0~V7	D11~D0 置1	
					0100　Z	D14~D12 Z0~Z7	D11~D0 置1	
					0101 K_nY	D14~D9 Y 位地址	D8~D6 n 值	D5~D0 置1
					0110 K_nS	D14~D7 S 位地址	D6~D4 n 值	D3~D0 置1
					0111 K_nMI	D14~D5 MI 位地址	D4~D2 n 值	D1~D0 置1
					1000 K_nMII	D14~D4 MII 位地址	D3~D1 n 值	D0 置1

7. 逻辑与

指令的功能:源元件参数以位为单位作"与"运算,结果存目标元件;

指令助记符:WAND,WAND(P);

说明:用三个 32 位二进制数表示。

指令名称	功能号	指令编码		脉冲执行方式	[S·]		
		D31~D28	D27~D20	D19	软元件 D18~D15	转移地址	备注
逻辑与	26	0111	0011010	0 WAND 1 WAND(P)	0000　T	D14~D7 T 位地址	D6~D0 置1
					0001　C	D14~D7 C 位地址	D6~D0 置1

续 表

指令名称	功能号	指令编码		脉冲执行方式	[S·]		
		D31～D28	D27～D20	D19	软元件 D18～D15	转移地址	备注
逻辑与	26	0111	0011010	0 WAND 1 WAND(P)	0010 D	D14～D2 D 地址	D1～D0 置 1
					0011 K	D14～D0 K 值	
					0100 H	D14～D0 H 值	
					0101 V	D14～D12 V0～V7	D11～D0 置 1
					0110 Z	D14～D12 Z0～Z7	D11～D0 置 1
					0111 KₙX	D14～D9 X 位地址	D8～D6 n值 / D5～D0 置1
					1000 KₙY	D14～D9 Y 位地址	D8～D6 n值 / D5～D0 置1
					1001 KₙS	D14～D7 S 位地址	D6～D4 n值 / D3～D0 置1
					1010 KₙMI	D14～D5 MI 位地址	D4～D2 n值 / D1～D0 置1
					1011 KₙMII	D14～D4 MII 位地址	D3～D1 n值 / D0 置1

第二个源操作数。

[S2·]		
软元件 D31～D28	转移地址	备注
0000 T	D27～D20 T 位地址	D19～D0 置 1
0001 C	D27～D20 C 位地址	D19～D0 置 1

续 表

[S2·]		
软元件 D31~D28	转移地址	备注
0010　D	D27~D15 D 地址	D14~D0 置 1
0011　K	D27~D0 K 值	
0100　H	D27~D0 H 值	
0101　V	D27~D25 V0~V7	D24~D0 置 1
0110　Z	D27~D25 Z0~Z7	D24~D0 置 1

[S2·]			
0111　$K_n X$	D27~D22 X 位地址	D21~D19 n 值	D18~D0 置 1
1000　$K_n Y$	D27~D22 Y 位地址	D21~D19 n 值	D18~D0 置 1
1001　$K_n S$	D27~D20 S 位地址	D19~D17 n 值	D16~D0 置 1
1010　$K_n MI$	D27~D18 MI 位地址	D17~D15 n 值	D14~D0 置 1
1011　$K_n MII$	D27~D17 MII 位地址	D16~D14 n 值	D13~D0 置 1

目标操作数。

[D·]		
软元件 D31~D28	转移地址	备注
0000　T	D27~D20 T 位地址	D19~D0 置 1
0001　C	D27~D20 C 位地址	D19~D0 置 1
0010　D	D27~D15 D 地址	D14~D0 置 1
0011　V	D27~D25 V0~V7	D24~D0 置 1

续 表

[D·]		
软元件 D31~D28	转移地址	备注
0100　Z	D27~D25 Z0~Z7	D24~D0 置 1
0101　$K_n Y$	D27~D22 Y 位地址	D21~D19 n 值	D18~D0 置 1
0110　$K_n S$	D27~D20 S 位地址	D19~D17 n 值	D16~D0 置 1
0111　$K_n MI$	D27~D18 MI 位地址	D17~D15 n 值	D14~D0 置 1
1000　$K_n MII$	D27~D17 MII 位地址	D16~D14 n 值	D13~D0 置 1

8. 逻辑或

指令的功能:源元件参数以位为单位作"或"运算,结果存目标元件;

指令助记符:WOR,WOR(P);

说明:用三个 32 位二进制数表示。

指令名称	功能号	指令编码		脉冲 执行方式	[S·]		
		D31~D28	D27~D20	D19	软元件	转移地址	备注
					D18~D15		
逻辑或	27	0111	0011011	0　WOR 1 WOR(P)	0000　T	D14~D7 T 位地址	D6~D0 置 1
					0001　C	D14~D7 C 位地址	D6~D0 置 1
					0010　D	D14~D2 D 地址	D1~D0 置 1
					0011　K	D14~D0 K 值	
					0100　H	D14~D0 H 值	
					0101　V	D14~D12 V0~V7	D11~D0 置 1

续　表

指令名称	功能号	指令编码		脉冲执行方式	[S·]			
		D31~D28	D27~D20	D19	软元件 D18~D15	转移地址	备注	
					0110　Z	D14~D12 Z0~Z7	D11~D0 置1	
					0111 K$_n$X	D14~D9 X位地址	D8~D6 n值	D5~D0 置1
					1000 K$_n$Y	D14~D9 Y位地址	D8~D6 n值	D5~D0 置1
					1001 K$_n$S	D14~D7 S位地址	D6~D4 n值	D3~D0 置1
					1010 K$_n$MI	D14~D5 MI位地址	D4~D2 n值	D1~D0 置1
					1011 K$_n$MII	D14~D4 MII位地址	D3~D1 n值	D0 置1

第二个源操作数。

[S2·]		
软元件 D31~D28	转移地址	备注
0000　T	D27~D20 T位地址	D19~D0 置1
0001　C	D27~D20 C位地址	D19~D0 置1
0010　D	D27~D15 D地址	D14~D0 置1
0011　K	D27~D0 K值	
0100　H	D27~D0 H值	
0101　V	D27~D25 V0~V7	D24~D0 置1
0110　Z	D27~D25 VZ0~Z7	D24~D0 置1

续 表

[S2·]			
软元件 D31~D28	转移地址	备注	
0111 $K_n X$	D27~D22 X 位地址	D21~D19 n 值	D18~D0 置 1
1000 $K_n Y$	D27~D22 Y 位地址	D21~D19 n 值	D18~D0 置 1
1001 $K_n S$	D27~D20 S 位地址	D19~D17 n 值	D16~D0 置 1
1010 $K_n MI$	D27~D18 MI 位地址	D17~D15 n 值	D14~D0 置 1
1011 $K_n MII$	D27~D17 MII 位地址	D16~D14 n 值	D13~D0 置 1

目标操作数。

[D·]			
软元件 D31~D28	转移地址	备注	
0000 T	D27~D20 T 位地址	D19~D0 置 1	
0001 C	D27~D20 C 位地址	D19~D0 置 1	
0010 D	D27~D15 D 地址	D14~D0 置 1	
0011 V	D27~D25 V0~V7	D24~D0 置 1	
0100 Z	D27~D25 Z0~Z7	D24~D0 置 1	
0101 $K_n Y$	D27~D22 Y 位地址	D21~D19 n 值	D18~D0 置 1
0110 $K_n S$	D27~D20 S 位地址	D19~D17 n 值	D16~D0 置 1
0111 $K_n MI$	D27~D18 MI 位地址	D17~D15 n 值	D14~D0 置 1
1000 $K_n MII$	D27~D17 MII 位地址	D16~D14 n 值	D13~D0 置 1

9.逻辑异或

指令的功能:两个源数以位为单位作"异或"运算,结果存目标元件;

指令助记符:WXOR,WXOR(P);

说明:用三个 32 位二进制数表示。

指令名称	功能号	指令编码		脉冲执行方式	[S·]			
		D31~D28	D27~D20	D19	软元件 D18~D15	转移地址	备注	
逻辑异或	28	0111	0011100	0 WXOR 1 WXOR(P)	0000　T	D14~D7 T 位地址	D6~D0 置 1	
					0001　C	D14~D7 C 位地址	D6~D0 置 1	
					0010　D	D14~D2 D 地址	D1~D0 置 1	
					0011　K	D14~D0 K 值		
					0100　H	D14~D0 H 值		
					0101　V	D14~D12 V0~V7	D11~D0 置 1	
					0110　Z	D14~D12 Z0~Z7	D11~D0 置 1	
					0111 $K_n X$	D14~D9 X 位地址	D8~D6 n 值	D5~D0 置 1
					1000 $K_n Y$	D14~D9 Y 位地址	D8~D6 n 值	D5~D0 置 1
					1001 $K_n S$	D14~D7 S 位地址	D6~D4 n 值	D3~D0 置 1
					1010 $K_n MI$	D14~D5 MI 位地址	D4~D2 n 值	D1~D0 置 1
					1011 $K_n MII$	D14~D4 MII 位地址	D3~D1 n 值	D0 置 1

第二个源操作数

[S2·]			
软元件 D31～D28	转移地址	备注	
0000　T	D27～D20 T 位地址	D19～D0 置 1	
0001　C	D27～D20 C 位地址	D19～D0 置 1	
0010　D	D27～D15 D 地址	D14～D0 置 1	
0011　K	D27～D0 K 值		
0100　H	D27～D0 H 值		
0101　V	D27～D25 V0～V7	D24～D0 置 1	
0110　Z	D27～D25 Z0～Z7	D24～D0 置 1	
0111　$K_n X$	D27～D22 X 位地址	D21～D19 n 值	D18～D0 置 1
1000　$K_n Y$	D27～D22 Y 位地址	D21～D19 n 值	D18～D0 置 1
1001　$K_n S$	D27～D20 S 位地址	D19～D17 n 值	D16～D0 置 1
1010　$K_n MI$	D27～D18 MI 位地址	D17～D15 n 值	D14～D0 置 1
1011　$K_n MII$	D27～D17 MII 位地址	D16～D14 n 值	D13～D0 置 1

目标操作数

[D·]		
软元件 D31～D28	转移地址	备注
0000　T	D27～D20 T 位地址	D19～D0 置 1
0001　C	D27～D20 C 位地址	D19～D0 置 1

续　表

[D·]		
软元件 D31～D28	转移地址	备注
0010　D	D27～D15 D 地址	D14～D0 置 1
0011　V	D27～D25 V0～V7	D24～D0 置 1
0100　Z	D27～D25 Z0～Z7	D24～D0 置 1

[D·]			
0101　K_nY	D27～D22 Y 位地址	D21～D19 n 值	D18～D0 置 1
0110　K_nS	D27～D20 S 位地址	D19～D17 n 值	D16～D0 置 1
0111　K_nMI	D27～D18 MI 位地址	D17～D15 n 值	D14～D0 置 1
1000　K_nMII	D27～D17 MII 位地址	D16～D14 n 值	D13～D0 置 1

10. 求补

指令的功能:将指定操作元件[S·]中的数每位取反后再加 1,结果存同一元件(目标元件补码);

指令助记符:NEG,NEG(P);

说明:用一个 32 位二进制数表示。

指令名称	功能号	指令编码		脉冲 执行方式	[S·]		
					软元件	转移地址	备注
		D31～D28	D27～D20	D19	D18～D15		
求补	29	0111	00011101	0　NEG 1 NEG(P)	0000　T	D14～D7 T 位地址	D6～D0 置 1
					0001　C	D14～D7 C 位地址	D6～D0 置 1
					0010　D	D14～D2 D 地址	D1～D0 置 1
					0011　V	D14～D12 V0～V7	D11～D0 置 1

续 表

指令名称	功能号	指令编码		脉冲执行方式	[S·]		
		D31～D28	D27～D20	D19	软元件 D18～D15	转移地址	备注
					0100　Z	D14～D12 Z0～Z7	D11～D0 置1	
					0101 KₙY	D14～D9 Y 位地址	D8～D6 n 值	D5～D0 置1
					0110 KₙS	D14～D7 S 位地址	D6～D4 n 值	D3～D0 置1
					0111 KₙMI	D14～D5 MI 位地址	D4～D2 n 值	D1～D0 置1
					1000 KₙMII	D14～D4 MII 位地址	D3～D1 n 值	D0 置1

2.6　循环与移位

1. 右循环

指令的功能:使操作元件[S·]中数据循环右移 n 位;

指令助记符:ROR,ROR(P);

说明:用两个 32 位二进制数表示;n:K,H,n≤32。

指令名称	功能号	指令编码		脉冲执行方式	[S·]		
		D31～D28	D27～D20	D19	软元件 D18～D15	转移地址	备注
右循环	30	0111	00011110	0 ROR　1 ROR(P)	0000　T	D14～D7 T 位地址	D6～D0 置1
					0001　C	D14～D7 C 位地址	D6～D0 置1
					0010　D	D14～D2 D 地址	D1～D0 置1
					0011　V	D14～D12 V0～V7	D11～D0 置1

— 52 —

续　表

指令名称	功能号	指令编码		脉冲执行方式	[S·]			
					软元件	转移地址	备注	
		D31～D28	D27～D20	D19	D18～D15			
					0100　Z	D14～D12 Z0～Z7	D11～D0 置 1	
					0101 K$_n$Y	D14～D9 Y 位地址	D8～D6 n 值	D5～D0 置 1
					0110 K$_n$S	D14～D7 S 位地址	D6～D4 n 值	D3～D0 置 1
					0111 K$_n$MI	D14～D5 MI 位地址	D4～D2 n 值	D1～D0 置 1
					1000 K$_n$MII	D14～D4 MII 位地址	D3～D1 n 值	D0 置 1

n 编码。

n		
D31	D30～D26	D25～D0
0　K	00000～11111 0～32	置 1
1　H	00000～10100 0～20	

2. 左循环

指令的功能:使操作元件[S·]中数据循环左移 n 位;

指令助记符:ROL,ROL(P);

说明:用两个 32 位二进制数表示;n:K,H,n≤32。

指令名称	功能号	指令编码		脉冲执行方式	[S·]		
					软元件	转移地址	备注
		D31～D28	D27～D20	D19	D18～D15		
左循环	31	0111	00011111	0　ROL 1 ROL(P)	0000　T	D14～D7 T 位地址	D6～D0 置 1

续　表

指令名称	功能号	指令编码		脉冲执行方式	[S·]			
		D31~D28	D27~D20	D19	软元件 D18~D15	转移地址	备注	
左循环	31	0111	00011111	0　ROL 1　ROL(P)	0001　C	D14~D7 C 位地址	D6~D0 置 1	
					0010　D	D14~D2 D 地址	D1~D0 置 1	
					0011　V	D14~D12 V0~V7	D11~D0 置 1	
					0100　Z	D14~D12 Z0~Z7	D11~D0 置 1	
					0101 $K_n Y$	D14~D9 Y 位地址	D8~D6 n 值	D5~D0 置 1
					0110 $K_n S$	D14~D7 S 位地址	D6~D4 n 值	D3~D0 置 1
					0111 $K_n MI$	D14~D5 MI 位地址	D4~D2 n 值	D1~D0 置 1
					1000 $K_n MII$	D14~D4 MII 位地址	D3~D1 n 值	D0 置 1

n 编码。

n		
D31	D30~D26	D25~D0
0　K	00000~11111 0~32	置 1
1　H	00000~10100 0~20	

3. 带进位右循环

指令的功能:使操作元件[S·]中数带进位一起右移 n 位;

指令助记符:RCR,RCR(P);

说明:用两个 32 位二进制数表示;n:K,H,n≤32。

指令名称	功能号	指令编码		脉冲执行方式	[S·]			
		D31～D28	D27～D20	D19	软元件	转移地址	备注	
					D18～D15			
带进位右循环	32	0111	00100000	0 RCR 1 RCR(P)	0000　T	D14～D7 T 位地址	D6～D0 置 1	
					0001　C	D14～D7 C 位地址	D6～D0 置 1	
					0010　D	D14～D2 D 地址	D1～D0 置 1	
					0011　V	D14～D12 V0～V7	D11～D0 置 1	
					0100　Z	D14～D12 Z0～Z7	D11～D0 置 1	
					0101 K_nY	D14～D9 Y 位地址	D8～D6 n 值	D5～D0 置 1
					0110 K_nS	D14～D7 S 位地址	D6～D4 n 值	D3～D0 置 1
					0111 K_nMI	D14～D5 MI 位地址	D4～D2 n 值	D1～D0 置 1
					1000 K_nMII	D14～D4 MII 位地址	D3～D1 n 值	D0 置 1

n 编码。

n		
D31	D30～D26	D25～D0
0　K	00000～11111 0～32	置 1
1　H	00000～10100 0～20	

举例:RCR　K23;RCR　H28

4.带进位左循环

指令的功能:使操作元件[S·]中数带进位一起左移 n 位;

指令助记符:RCL,RCL(P);

说明:用两个 32 位二进制数表示;n:K,H,n≤32。

指令名称	功能号	指令编码		脉冲执行方式	[S·]				
		D31~D28	D27~D20	D19	D18~D15	软元件	转移地址	备注	
带进位左循环	33	0111	0100001	0 RCL 1 RCL(P)	0000 T	D14~D7 T 位地址	D6~D0 置 1		
					0001 C	D14~D7 C 位地址	D6~D0 置 1		
					0010 D	D14~D2 D 地址	D1~D0 置 1		
					0011 V	D14~D12 V0~V7	D11~D0 置 1		
					0100 Z	D14~D12 Z0~Z7	D11~D0 置 1		
					0101 K$_n$Y	D14~D9 Y 位地址	D8~D6 n 值	D5~D0 置 1	
					0110 K$_n$S	D14~D7 S 位地址	D6~D4 n 值	D3~D0 置 1	
					0111 K$_n$MI	D14~D5 MI 位地址	D4~D2 n 值	D1~D0 置 1	
					1000 K$_n$MII	D14~D4 MII 位地址	D3~D1 n 值	D0 置 1	

n 编码。

n		
D31	D30~D26	D25~D0
0 K	00000~11111 0~32	置 1
1 H	00000~10100 0~20	

5. 位右移

指令的功能:将源元件 S 为首址的 n2 位位元件状态存到长度为 n1 的位栈中,位栈右移 n2 位;

指令助记符:SFTR,SFTR(P);

说明:用三个 32 位二进制数表示;n1,n2 为 K,H,n2≤n1≤1 024。

指令名称	功能号	指令编码		脉冲执行方式	[S·]			
		D31～D28	D27～D20	D19	软元件 D18～D15		转移地址	备注
位右移	34	0111	00100010	0　SFTR 1　SFTR(P)	000　X		D15～D8 X 位地址	D7～D0 置 1
					001　Y		D15～D10 Y 位地址	D9～D0 置 1
					010　S		D15～D8 S 位地址	D7～D0 置 1
					011　MI		D15～D6 MI 位地址	D5～D0 置 1
					100　MII		D15～D5 MII 位地址	D4～D0 置 1

目标操作数。

[D·]		
软元件 D31～D29	转移地址	备注
000　Y	D28～D23 Y 位地址	D22～D0 置 1
001　S	D28～D21 S 位地址	D20～D0 置 1
010　MI	D28～D19 MI 位地址	D18～D0 置 1
011　MII	D28～D18 MII 位地址	D17～D0 置 1

n1,n2 编码。

n1			n2		
D31			D20		
0　K	D30～D21 0～1024		0　K	D19～D10 0～1024	D9～D0 置 1
1　H	D30～D22 0～400	D21 置 1	1　H	D19～D11 0～400	D10～D0 置 1

6.位左移

指令的功能:将源元件 S 为首址的 n2 位位元件内容存到长度为 n1 的位栈中,位栈左移 n2 位;

指令助记符:SFTL,SFTL(P);

说明:用三个 32 位二进制数表示 n1,n2 为 K,H,n2≤n1≤1 024。

指令名称	功能号	指令编码		脉冲执行方式	[S·]			
					软元件	转移地址	备注	
		D31~D28	D27~D20	D19	D18~D16			
位右移	35	0111	00100015	0 SFTL 1 SFTL(P)	000 X	D15~D8 X 位地址	D7~D0 置1	
					001 Y	D15~D10 Y 位地址	D9~D0 置1	
					010 S	D15~D8 S 位地址	D7~D0 置1	
					011 MI	D15~D6 MI 位地址	D5~D0 置1	
					100 MII	D15~D5 MII 位地址	D4~D0 置1	

目标操作数。

[D·]		
软元件 D31~D29	转移地址	备注
000 Y	D28~D23 Y 位地址	D22~D0 置1
001 S	D28~D21S 位地址	D20~D0 置1
010 MI	D28~D19MI 位地址	D18~D0 置1
011 MII	D28~D18MII 位地址	D17~D0 置1

n1,n2 编码。

	n1			n2		
D31			D20			
0　K	D30～D21 0～1024		0　K	D19～D10 0～1024	D9～D0 置 1	
1　H	D30～D22 0～400	D21 置 1	1　H	D19～D11 0～400	D10～D0 置 1	

7.字右移

指令的功能:将源元件 S 为首址的 n2 位字元件内容存到长度为 n1 的字栈中,字栈右移 n2 位;

指令助记符:WSFR,WSFR(P);

说明:用三个 32 位二进制数表示;n1,n2 为 K,H,n2≤n1≤512。

指令名称	功能号	指令编码		脉冲执行方式	[S·]			
					软元件	转移地址	备注	
		D31～D28	D27～D20	D19	D18～D16			
字右移	36	0111	00100100	0　WSFR 1　WSFR(P)	000 $K_n X$	D15～D10 X 位地址	D9～D7 n 值	D6～D0 置 1
					001 $K_n S$	D15～D8 S 位地址	D7～D5 n 值	D4～D0 置 1
					010 $K_n MI$	D15～D6 MI 位地址	D5～D3 n 值	D2～D0 置 1
					011 $K_n MII$	D15～D5 MII 位地址	D4～D2 n 值	D1～D0 置 1

目标操作数。

[D·]		
软元件 D31～D29	转移地址	备注
000　T	D28～D21 T 位地址	D20～D0 置 1
001　C	D28～D21 C 位地址	D20～D0 置 1
010　D	D28～D16 D 位地址	D15～D0 置 1

续 表

[D·]			
软元件 D31～D29	转移地址		备注
011　KₙY	D28～D23 Y 位地址	D22～D20 n 值	D19～D0 置 1
100　KₙS	D28～D21 S 位地址	D20～D18 n 值	D17～D0 置 1
101　KₙMI	D28～D19 MI 位地址	D18～D16 n 值	D15～D0 置 1
110　KₙMII	D28～D18 MII 位地址	D17～D15 n 值	D14～D0 置 1

n1,n2 编码。

n1			n2		
D31			D21		
0　K	D30～D22 0～512		0　K	D20～D12 0～512	D11～D0 置 1
1　H	D30～D23 0～200	D22 置 1	1　H	D20～D13 0～200	D12～D0 置 1

8.字左移

指令的功能:将源元件 S 为首址的 n2 位字元件内容存到长度为 n1 的字栈中,字栈左移 n2 位;

指令助记符:WSFL,WSFL(P);

说明:用三个 32 位二进制数表示;n1,n2 为 K,H,n2≤n1≤512。

指令名称	功能号	指令编码		脉冲 执行方式	[S·]			
		D31～D28	D27～D20	D19	软元件 D18～D16	转移地址		备注
字左移	37	0111	00100101	0　WSFL 1 WSFL(P)	000 KₙX	D15～D10 X 位地址	D9～D7 n 值	D6～D0 置 1
					001 KₙS	D15～D8 S 位地址	D7～D5 n 值	D4～D0 置 1
					010 KₙMI	D15～D6 MI 位地址	D5～D3 n 值	D2～D0 置 1

续　表

指令名称	功能号	指令编码		脉冲执行方式	[S·]			
		D31~D28	D27~D20	D19	软元件 D18~D16	转移地址	备注	
					011 K_nMII	D15~D5 MII 位地址	D4~D2 n 值	D1~D0 置 1

目标操作数。

[D·]		
软元件 D31~D29	转移地址	备注
000　T	D28~D21 T 位地址	D20~D0 置 1
001　C	D28~D21 C 位地址	D20~D0 置 1
010　D	D28~D16 D 位地址	D15~D0 置 1
011　K_nY	D28~D23 Y 位地址	D22~D20 n 值　D19~D0 置 1
100　K_nS	D28~D21 S 位地址	D20~D18 n 值　D17~D0 置 1
101　K_nMI	D28~D19 MI 位地址	D18~D16 n 值　D15~D0 置 1
110　K_nMII	D28~D18 MII 位地址	D17~D15 n 值　D14~D0 置 1

n1,n2 编码。

n1			n2		
D31			D21		
0　K	D30~D22 0~512		0　K	D20~D12 0~512	D11~D0 置 1
1　H	D30~D23 0~200	D22 置 1	1　H	D20~D13 0~200	D12~D0 置 1

9. FIFO 写入

指令的功能:将源元件 S 的内容写到以目标元件 D 为首址的堆栈中(长度为 n 位);

指令助记符:SFWR,SFWR(P);

说明:用三个 32 位二进制数表示;n 为 K,H,2≤n≤512。

指令名称	功能号	指令编码		脉冲执行方式	[S·]			
		D31～D28	D27～D20	D19	软元件 D18～D16	转移地址	备注	
FIFO 写入	38	0111	00100110	0 SFWR 1 SFWR(P)	000　T	D15～D8 T 位地址	D7～D0 置1	
					001　C	D15～D8 C 位地址	D7～D0 置1	
					010　D	D15～D3 D 位地址	D2～D0 置1	
					011 KₙY	D15～D10 Y 位地址	D9～D7 n 值	D6～D0 置1
					100 KₙS	D15～D8 S 位地址	D7～D5 n 值	D4～D0 置1
					101 KₙMI	D15～D6 MI 位地址	D5～D3 n 值	D2～D0 置1
					110 KₙMII	D15～D5 MII 位地址	D4～D2 n 值	D1～D0 置1

目标源操作数。

[D·]			
软元件 D31～D29	转移地址		备注
000　T	D28～D21 T 位地址		D20～D0 置1
001　C	D28～D21 C 位地址		D20～D0 置1
010　D	D28～D16 D 位地址		D15～D0 置1
011　KₙY	D28～D23 Y 位地址	D22～D20 n 值	D19～D0 置1
100　KₙS	D28～D21 S 位地址	D20～D18 n 值	D17～D0 置1

续 表

[D·]			
软元件 D31～D29	转移地址	备注	
101　K_nMI	D28～D19 MI 位地址	D18～D16 n 值	D15～D0 置 1
110　K_nMII	D28～D18 MII 位地址	D17～D15 n 值	D14～D0 置 1

n 编码。

n		
D31		
0　K	D30～D22 0～512	
1　H	D30～D23 0～200	D22 置 1

10. FIFO 读出

指令的功能:将以源元件 S 为首址、长度为 n 位的堆栈内容读到目标元件 D 中;

指令助记符:SFRD,SFRD(P);

说明:用三个 32 位二进制数表示;n 为 K,H,2≤n≤512。

指令名称	功能号	指令编码		脉冲 执行方式	[S·]			
		D31～D28	D27～D20	D19	软元件 D18～D15	转移地址	备注	
FIFO 读出	39	0111	0100111	0　SFRD 1　SFRD(P)	000　T	D15～D8 T 位地址	D7～D0 置 1	
					001　C	D15～D8 C 位地址	D7～D0 置 1	
					010　D	D15～D3 D 位地址	D2～D0 置 1	
					011 K_nY	D15～D10 Y 位地址	D9～D7 n 值	D6～D0 置 1
					100 K_nS	D15～D8 S 位地址	D7～D5 n 值	D4～D0 置 1

续 表

指令名称	功能号	指令编码		脉冲执行方式	[S·]			
					软元件	转移地址	备注	
		D31~D28	D27~D20	D19	D18~D15			
					101 $K_n MI$	D15~D6 MI 位地址	D5~D3 n 值	D2~D0 置 1
					110 $K_n MII$	D15~D5 MII 位地址	D4~D2 n 值	D1~D0 置 1

目标操作数。

[D·]

软元件 D31~D28	转移地址		备注
0000 T	D27~D20 T 位地址		D19~D0 置 1
0001 C	D27~D20 C 位地址		D19~D0 置 1
0010 D	D27~D15 D 位地址		D14~D0 置 1
0011 V	D27~D25 V0~V7		D24~D0 置 1
0100 Z	D27~D25 Z0~Z7		D24~D0 置 1
0101 $K_n Y$	D27~D22 Y 位地址	D21~D19 n 值	D18~D0 置 1
0110 $K_n S$	D27~D20 S 位地址	D19~D17 n 值	D16~D0 置 1
0111 $K_n MI$	D27~D18 MI 位地址	D17~D15 n 值	D14~D0 置 1
1000 $K_n MII$	D27~D17 MII 位地址	D16~D14 n 值	D13~D0 置 1

n 编码。

n			
D31			
0　K	D30～D22 0～512		
1　H	D30～D23 0～200		D22 置 1

2.7　其他应用指令

1. 区间复位

指令的功能：将指定目标同一类型元件复位（数据元件，当前值为 0；位元件状态置 OFF）；

指令助记符：ZRST，ZRST(P)；

说明：用两个 32 位二进制数表示，D1≤D2。

指令名称	功能号	指令编码		脉冲 执行方式	[D1·]		
					软元件	转移地址	备注
		D31～D28	D27～D20	D19	D18～D15		
区间复位	40	0111	00101000	0　ZRST 1 ZRST(P)	000　T	D15～D8 T 位地址	D7～D0 置 1
					001　C	D15～D8 C 位地址	D7～D0 置 1
					010　D	D15～D3 D 位地址	D2～D0 置 1
					011　Y	D15～D10 Y 位地址	D9～D0 置 1
					100　S	D15～D8 S 位地址	D7～D0 置 1
					101　MI	D15～D6 MI 位地址	D5～D0 置 1
					110　MII	D15～D5 MII 位地址	D4～D0 置 1

目标操作数。

[D2·]		
软元件 D31～D29	转移地址	备注
000　T	D28～D21 T 位地址	D20～D0 置 1
001　C	D28～D21 C 位地址	D20～D0 置 1
010　D	D28～D16 D 位地址	D15～D0 置 1
011　Y	D28～D23 Y 位地址	D22～D0 置 1
100　S	D28～D21 S 位地址	D20～D0 置 1
101　MI	D28～D19 MI 位地址	D17～D0 置 1
110　MII	D28～D18 MII 位地址	D17～D0 置 1

2. 立即刷新

指令的功能:将以目标元件为首址的连续 n 个元件刷新(目标元件首址为 10 的倍数、n 为 8 的倍数);

指令助记符:REF,REF(P);

说明:用一个 32 位二进制数表示;n:K8(H8),K16(H10),…,K256(H100)。

指令名称	功能号	指令编码		脉冲 执行方式	[D·]			n		
		D31～D28	D27～D20	D19	软元件 D18	转移地址	软地址 D11	备	注	
								D11		
立即刷新	41	0111	00101001	0　REF 1　REF(P)	0　X 1　Y	D17～D12 X 位地址 D17～D12 Y 位地址	0　K 1　H	D10～D3 0～256 D10～D4 0～100	D2～D0 置 1 D3～D0 置 1	

3. 修改数字滤波时间常数

指令的功能:刷新输入 X0～X7,修改滤波时间常数(由 50～60 μs);

指令助记符:REFF,REFF(P);

举例:REFF　K23;

说明:用一个 32 位二进制数表示。

指令名称	功能号	指令编码		脉冲执行方式	n	
					软元件	备注
		D31～D28	D27～D20	D19	D18～D13	D12～D0
修改数字滤波时间常数	42	0111	00101010	0　REFF 1　REFF(P)	K_n 0～60 μs (n=0 为 50μs)	置 1

4.速度检测

指令的功能:在[S2·]设定的时间内(ms),对[S1]输入脉冲计数,计数当前值存 D+1,终值存 D,当前计数剩余时间存 D+2;

指令助记符:SPD;

说明:用两个 32 位二进制数表示。

指令名称	功能号	指令编码		脉冲执行方式	[S1·]	
					软元件	备注
		D31～D28	D27～D20	D19	D18～D13	D12～D0
速度检测	43	0111	00101011	0　SPD	000～101 X0～X5	置 1

源操作数。

[S2·]		
软元件 D31～D28	转移地址	备注
0000　T	D27～D20 T 位地址	D19～D0 置 1
0001　C	D27～D20 C 位地址	D19～D0 置 1
0010　D	D27～D15 D 地址	D14～D0 置 1
0011　K	D27～D0 K 值	
0100　H	D27～D0 H 值	
0101　V	D27～D25 V0～V7	D24～D0 置 1

续 表

[S2·]		
软元件 D31~D28	转移地址	备注
0110 Z	D27~D25 Z0~Z7	D24~D0 置 1

软元件 D31~D28	转移地址	备注	
0111 K_nX	D27~D22 X 位地址	D21~D19 n 值	D18~D0 置 1
1000 K_nY	D27~D22 Y 位地址	D21~D19 n 值	D18~D0 置 1
1001 K_nS	D27~D20 S 位地址	D19~D17 n 值	D16~D0 置 1
1010 K_nMI	D27~D18 MI 位地址	D17~D15 n 值	D14~D0 置 1
1011 K_nMII	D27~D17 MII 位地址	D16~D14 n 值	D13~D0 置 1

目标操作数。

[D·]		
软元件 D31~D29	转移地址	备注
000 T	D28~D21 T 位地址	D20~D0 置 1
001 C	D28~D21 C 位地址	D20~D0 置 1
010 D	D28~D16 D 位地址	D15~D0 置 1
011 V	D28~D26 V 位地址	D25~D0 置 1
100 Z	D28~D26 Z 位地址	D25~D0 置 1

5. 脉冲输出

指令的功能:将 S2 设定的脉冲数量,以 S1 设定的频率从目标元件 D 输出;

指令助记符:PLSY;

说明:用两个 32 位二进制数表示。

指令名称	功能号	指令编码		脉冲执行方式	[S1·]		
		D31～D28	D27～D20	D19	软元件 D18～D15	转移地址	备注
脉冲输出	44	0111	00101100	0　PLSY	0000　T	D14～D7 T 位地址	D6～D0 置 1
					0001　C	D14～D7 C 位地址	D6～D0 置 1
					0010　D	D14～D2 D 位地址	D1～D0 置 1
					0011　K	D14～D0 K 值	
					0100　H	D14～D0 H 值	
					0101　V	D14～D12 V0～V7	D11～D0 置 1
					0110　Z	D14～D12 Z0～Z7	D11～D0 置 1
					0111 K_nX	D14～D9 X 位地址	D8～D6 n 值 / D5～D0 置 1
					1000 K_nY	D14～D9 Y 位地址	D8～D6 n 值 / D5～D0 置 1
					1001 K_nS	D14～D7 S 位地址	D6～D4 n 值 / D3～D0 置 1
					1010 K_nMI	D14～D5 MI 位地址	D4～D2 n 值 / D4～D0 置 1
					1011 K_nMII	D14～D4 MII 位地址	D3～D1 n 值 / D0 置 1

第二个源操作数与目标操作数。

[S2·]			[D·]	
软元件 D31~D28	转移地址	备注	转移地址 D13~D8	备注 D7~D0
0000 T	D27~D20 T 位地址	D19~D14 置 1	Y 位地址	置 1
0001 C	D27~D20 C 位地址	D19~D14 置 1		
0010 D	D27~D15 D 位地址	D14 置 1		
0011 K	D27~D15 K 值	D14 置 1		
0100 H	D27~D15 H 值	D14 置 1		
0101 V	D27~D25 V0~V7	D24~D14 置 1		
0110 Z	D27~D25 Z0~Z7	D24~D14 置 1		
0111 K_nX	D27~D22 X 位地址	D21~D19 n 值 / D18~D14 置 1		
1000 K_nY	D27~D20 Y 位地址	D21~D19 n 值 / D18~D14 置 1		
1001 K_nS	D27~D20 S 位地址	D19~D17 n 值 / D16~D14 置 1		
1010 K_nMI	D27~D18 MI 位地址	D17~D15 n 值 / D14 置 1		
1011 K_nMII	D27~D17 MII 位地址	D16~D14 n 值		

6. 脉宽调制输出

指令的功能:将 S2 设定的脉冲周期(ms),S1 设定的脉冲宽度(ms)的脉冲序列从目标元件输出;

指令助记符:PWM;

说明:用两个 32 位二进制数表示。

指令名称	功能号	指令编码		脉冲执行方式	[S1・]		
		D31～D28	D27～D20	D19	软元件 D18～D15	转移地址	备注
脉宽调制输出	45	0111	00101101	0　PWM	0000　T	D14～D7 T 位地址	D6～D0 置 1
					0001　C	D14～D7 C 位地址	D6～D0 置 1
					0010　D	D14～D2 D 位地址	D1～D0 置 1
					0011　K	D14～D0 K 值	
					0100　H	D14～D0 H 值	
					0101　V	D14～D12 V0～V7	D11～D0 置 1
					0110　Z	D14～D12 Z0～Z7	D11～D0 置 1
					0111 $K_n X$	D14～D9 X 位地址	D8～D6 n 值　　D5～D0 置 1
					1000 $K_n Y$	D14～D9 Y 位地址	D8～D6 n 值　　D5～D0 置 1
					1001 $K_n S$	D14～D7 S 位地址	D6～D4 n 值　　D3～D0 置 1
					1010 $K_n MI$	D14～D5 MI 位地址	D4～D2 n 值　　D4～D0 置 1
					1011 $K_n MII$	D14～D4 MII 位地址	D3～D1 n 值　　D0 置 1

第二个源操作数与目标操作数。

[S2·]			[D·]	
软元件 D31～D28	转移地址	备注	转移地址 D13～D8	备注 D7～D0
0000 T	D27～D20 T 位地址	D19～D14 置 1	Y 位地址	置 1
0001 C	D27～D20 C 位地址	D19～D14 置 1		
0010 D	D27～D15 D 位地址	D14 置 1		
0011 K	D27～D15 K 值	D14 置 1		
0100 H	D27～D15 H 值	D14 置 1		
0101 V	D27～D25 V0～V7	D24～D14 置 1		
0110 Z	D27～D25 Z0～Z7	D24～D14 置 1		
0111 K_nX	D27～D22 X 位地址	D21～D19 n 值 / D18～D14 置 1		
1000 K_nY	D27～D20 Y 位地址	D21～D19 n 值 / D18～D14 置 1		
1001 K_nS	D27～D20 S 位地址	D19～D17 n 值 / D16～D14 置 1		
1010 K_nMI	D27～D18 MI 位地址	D17～D15 n 值 / D14 置 1		
1011 K_nMII	D27～D17 MII 位地址	D16～D14 n 值		

7. 置初始状态

指令的功能:自动设置 STL 指令的多种运行模式,如手动、自动等;

指令助记符:IST;

说明:用两个 32 位二进制数表示。

指令名称	功能号	指令编码		脉冲执行方式	[S・]		
		D31～D28	D27～D20	D19	软元件 D18～D16	转移地址	备注
置初始状态	46	0111	00101110	0　IST	000　X	D15～D10 X 位地址	D9～D0 置 1
					001　Y	D15～D10 Y 位地址	D9～D0 置 1
					010　S	D15～D8 S 位地址	D7～D0 置 1
					011　MI	D15～D6 MI 位地址	D5～D0 置 1
					100　MII	D15～D5 MII 位地址	D4～D0 置 1

第一个目标操作数与第二个目标操作数。

[D1・]	[D2・]	
S 转移地址	S 转移地址	备注
D31～D22	D21～D12	D11～D0
S20～S899	S20～S899	置 1

8. 交替输出

指令的功能：对输出元件状态取反；

指令助记符：ALT，ALT(P)；

说明：用一个 32 位二进制数表示。

指令名称	功能号	指令编码		脉冲执行方式	[D・]		
		D31～D28	D27～D20	D19	软元件 D18～D16	转移地址	备注
交替输出	47	0111	00101111	0　ALT 1　ALT(P)	000　Y	D15～D10 Y 位地址	D9～D0 置 1
					001　S	D15～D8 S 位地址	D7～D0 置 1
					010　MI	D15～D6 MI 位地址	D5～D0 置 1
					011　MII	D15～D5 MII 位地址	D4～D0 置 1

2.8 CL 型 PLC 指令举例

[**例 2.1**] 指令 LD,OR,AND 应用举例。

· 梯形图。

· 语句表。

LD X0,X1,X2

OR X3

AND X4

OUT Y1

· 32 位二进制编码。

0100 0100 0000 0000 1000 0000 0000 1000

1100 0100 0000 1000 1111 1111 1111 1111

1100 0100 0000 1100 1111 1111 1111 1111

0110 1000 0111 1111 1000 0000 0010 0111

0110 0110 0111 1111 1001 0000 0000 1111

[**例 2.2**] 指令 LDP,ORF,AND 应用举例。

· 梯形图。

· 语句表。

LD X0,X1,X2P

OR X3F

AND X4

OUT Y0

[**例 2.3**] 指令 LDP,LDI,ORP,ANDI,ANDF 应用举例。

· 梯形图。

· 语句表。

LD X0,X1I

OR X3P

ANDF X4

ANDI X5

OUT　Y2

[**例 2.4**]　指令 OR 应用举例。

· 梯形图。

· 语句表。

LD　X1

OR　X3I,X4P

ANI　X2

OUT　Y1

[**例 2.5**]　指令 ORB 应用举例。

在使用 ORB 指令时,每个块电路开始总是用 LD 指令。

· 梯形图。

· 语句表。

LD　X0,X1I

LD　X2,X3

ORB

OUT　Y1

· 梯形图。

· 语句表。

LD　X0,X1I

OR　X3P

LD　X4,X5I

ORB

AND　X2

OUT　Y0

[**例 2.6**]　块与指令 ANB 应用举例。

在使用 ANB 指令时,每个块电路开始总是用 LD 指令。

· 梯形图。

·语句表。

LD　X0

OR　X1P

LD　X2I

OR　X3F

ANB

OUT　Y2

[例 2.7]　指令进栈 MPS,读栈 MPP,出栈 MRD 应用举例。

·梯形图。

·语句表。

LD　X1

MPS

ANDI　X2

OUT　Y1

MPP

ANDP　X3

OUT　Y2

LD　X4F

MPS

AND　X5

OUT　Y3

MRD

ANI　X6

OUT　Y4

MPP

ANDF　X7

OUT　Y5

[例 2.8]　脉冲输出指令 PLS,PLF 复位指令 RET,强迫置位 SET 应用举例。

·梯形图。

```
0  ┤X000├─────────────────────────────[PLS  M0    ]
3  ┤M0 ├──────────────────────────────[SET  Y000  ]
5  ┤X001├─────────────────────────────[PLE  M1    ]
8  ┤M1 ├──────────────────────────────[RST  Y000  ]
```

• 语句表。

LD   X0

PLS   M0

LD   M0

SET   Y0

LD   X1

PLF   M1

LD   M1

RET   Y0

[例 2.9]　程序处理指令 NOP,END,MC,MCR。

• 梯形图。

```
   0 ┤X000├──────────────────────────[MC  N0  M100 ]
N0=M100
   4 ┤X001├───────────────────────────────( Y000 )
   6 ┤X002├───────────────────────────────( Y001 )
   8 ├───────────────────────────────────[MCR N0 ]
  10 ┤X003├───────────────────────────────( Y002 )
```

• 语句表。

LD   X0

MC   N0   M100

LD   X1

OUT   Y0

LD   X2

OUT   Y1

MCR   N0

LD   X3

OUT   Y2

[例 2.10]　指令 OR,AND 综合应用举例。

• 梯形图。

```
   0 ┤/X001├──────────────────────────────( Y001 )
     ┤X003├
     ┤M105├
   5 ┤X004├┤/X005├┤X006├─────────────────( M100 )
     ┤M100├
     ┤/M1000├
```

·语句表。

LD   X1F
OR   X3,M105I
OUT Y1
LD   X4,X5I
OR   M100
AND X6
OR   M1000I
OUT M100

第 3 章 CL 型 PLC 指令的静态编译和动态编译

编译,即编译器(一种程序)读入某种语言(源语言)编写的程序后将其翻译成一个与之等价的另一种语言(目标语言)编写程序的过程。CL 型 PLC 编译系统分为静态编译和动态编译。静态编译就是对从编程装置传输到 ARM 的 PLC 用户源程序进行预处理,将源程序中的所有标号转换成为地址,将所有的变量转换成为该变量的目的地址,通用微处理器的汇编过程是在微处理器执行程序之前一次完成的。动态编译处在 PLC 的循环执行阶段。动态编译读取静态编译后的指令,然后对指令进行解析,根据指令的不同进行不同的操作。

如图 3-1 所示,在没有掉电或其他控制信号让 PLC 主机停止执行 PLC 程序的情况下,PLC 主机反复执行三个阶段。

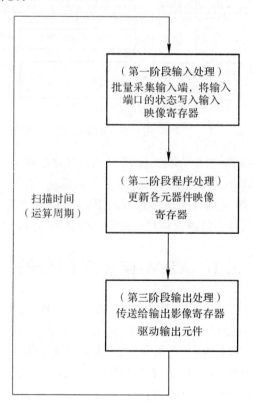

图 3-1 PLC 的运行过程

第一个阶段输入处理:PLC 主机运行时,ARM 系统一方面要从 FPGA 中读取输入端口的输入状态,然后写入 RAM 中输入端口相应的输入映像区中;另一方面,由于人机界面或者手持编程器需要实时显示 PLC 某些软元件的状态信息,PLC 主机根据它们的需要通过 RS232 接口发送相应的信息。

第二个阶段程序处理:如图 3-2 所示,整个过程包括 ARM 系统读取 PLC 源程序,首先通过静态编译将其编译成新的程序并配置相应的数据(这两个过程只在有 PLC 程序下载到 ARM 系统时才进行,而且只处理一次);然后 ARM 系统开始对静态编译生成的新程序进行动态编译,同时为 FPGA 配置相应的数据;FPGA 接收 ARM 系统配置好的数据,便并行执行,执行后往 ARM 发送整理好的反馈数据;最后 ARM 系统处理该数据,继续动态编译静态编译生成的程序。

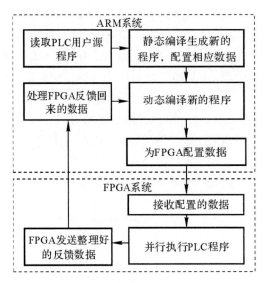

图 3-2 CL PLC 用户程序的编译和执行过程

第三个阶段输出处理:在第二个阶段执行 PLC 用户程序过程中,ARM 系统把用户程序中输出指令所带输出软元件 Y 状态保存到 RAM 中元件映像区,第三个阶段的输出处理过程中将 Y 元件映像区所有软元件 Y 的状态值全都写入 FPGA 的输出端口存储器中。另外,还要往 RAM 中专门为人机界面和手持编程器建立的软元件状态区写入相应的软元件信息。

3.1 ARM 存储空间分配

由于 PLC 存在着 X,Y,S,M,T,C,P,D,V,Z 等大量的软元件,这些软元件对于 PLC 相当于 CPU 中的寄存器,需要分配固定地址的 RAM 存储空间,以方便 PLC 进行静态编译和动态编译。而且,PLC 还需要和上位机、人机界面、手持编程器通信,在通信中的数据缓冲区也需要一定的 RAM 空间。此外,从上位机或手持编程器下载的程序,以及静态编译的结果和数据,都需要存储在划定的 FLASH 存储空间中。因此,为了建立 PLC 的运行环境,需要划分 PLC 的存储空间。

在 PLC 系统中存储器分为两种:SRAM 存储器和 FLASH 存储器。SRAM 是静态的随机存储器,掉电后存储在里面的数据就会消失,但是读写速度较快,因此一般被作为内存使用,用于临时存放需要被 CPU 执行的数据或程序。FLASH 存储器具有掉电数据不会丢失的特点,但是数据读取较慢,并且擦除数据和写入数据困难,因此一般用作程序存储空间或存储一些用户数据。对 PLC 的存储器划分,根据功能的不同,需要划分 SRAM 和 FLASH 两种存储器的存储空间。

CL 型 PLC 的 ARM 部分采用 STM32 公司的 STM32F407 芯片。STM32F407 芯片具有 1 M 的片内 FLASH 存储空间和 192 KB 的片内 SRAM 空间,可以满足 PLC 系统的需求,无需外扩 SRAM 和 FLASH 存储器。对于 STM32F407 芯片上 FLASH 和 SRAM 的存储空间分配如下。

(1)FLASH 存储空间分配

对于 FLASH 空间,分配 256 KB 作为 PLC 系统程序存储空间,分配的 FLASH 存储器地址为 0x00000000~0x0003FFFF,用于存储 PLC 的系统程序;分配 96 KB 作为 PLC 用户源程序的存储空间,分配的 FLASH 存储器地址为 0x00040000~0x00057FFF,用于存储从上位机或手持编程器下载的 PLC 用户源程序;分配 32 KB 的静态配置数据存储区,分配的 FLASH 存储器地址为 0x00058000~0x0005FFFF,用于存储静态编译后的定时器和计数器配置数据以及 P 软元件配置数据;分配 128 KB 作为 PLC 静态编译程序存储区,分配的 FLASH 存储器地址为 0x00060000~0x0007FFFF,用于存储静态编译后的 PLC 用户程序。FLASH 存储空间划分见表 3-1。

表 3-1　FLASH 存储空间划分

存储区名称	存储区地址范围	存储区大小
系统程序存储区	0x00000000~0x0003FFFF	256 KB
用户源程序存储区	0x00040000~0x00057FFF	96 KB
静态配置数据存储区	0x00058000~0x0005FFFF	32 KB
静态编译程序存储区	0x00060000~0x0007FFFF	128 KB

(2)SRAM 存储空间分配

对于 SRAM 空间,分配 64 KB 作为 PLC 系统的数据空间,分配的 SRAM 地址为 0x10000000~0x1000FFFF,用于 PLC 运行时系统数据的存储,如系统中的局部和全局变量、操作系统申请的堆栈空间等;分配 24 KB 作为 PLC 软元件的存储空间,分配的 SRAM 地址为 0x20000000~0x20005FFF,用于在 PLC 运行中对软元件信息的读写;分配 8 KB 的 PLC 缓存空间,分配的 SRAM 地址为 0x20006000~0x20007FFF,用作 PLC 与上位机、手持编程器、人机界面等外部设备通信或 PLC 程序下载时的数据缓冲区。SRAM 存储空间划分见表3-2。

表 3-2　SRAM 存储空间划分

存储区名称	存储区地址范围	存储区大小
系统数据存储区	0x10000000~0x1000FFFF	64 KB
软元件存储区	0x20000000~0x20005FFF	24 KB
数据缓冲区	0x20006000~0x20007FFF	8 KB

在 SRAM 中分配了 24 KB 的存储空间给 PLC 软元件或寄存器。软元件是 PLC 内部一种特殊的寄存器,PLC 软元件可以直接出现在 PLC 用户源程序中,PLC 源程序通常用软元件类型和软元件编号来表示一个软元件。PLC 还有一些寄存器不会直接出现在 PLC 源程序

中,但在 PLC 运行时是必需的,如定时器、计数器的设定值寄存器和当前值寄存器等。这些软元件或寄存器都需要合理的安排内存空间,为 PLC 的运行提供基本保证。PLC 的软元件包括位软元件和字软元件。每个位软元件包含一位的信息,0 表示断开状态,1 表示闭合状态。位软元件包括 X,Y,M,S,T,C 等。字软元件一般用于数据的存储,每个字软元件具有一个字(32 位)的存储空间。字软元件包括 D,V,Z 等。目前设计的 PLC 有 64 点的输入 X(X0～X63),64 点的输出 Y(Y0～Y63),3 072 点辅助继电器 M(M0～M3071),256 点状态继电器 S(S0～S255),256 点定时器 T(T0～T255),256 点计数器 C(C0～C255),以及 3 072 个寄存器 D(D0～D3071),12 个寄存器 V(V0～V11) 和 12 个寄存器 Z(Z0～Z11),128 个标号寄存器 P(P0～P127)。PLC 软元件或寄存器存储区分配见表 3-3。

表 3-3　PLC 软元件/寄存器存储区分配

PLC 软元件	地址范围	位宽/bit	数量
X 软元件	0x20000000～0x20000007	1	64
Y 软元件	0x20000008～0x2000000f	1	64
M 软元件	0x20000010～0x2000018f	1	3 072
S 软元件	0x20000190～0x200001af	1	256
T 软元件	0x200001b0～0x200001cf	1	256
C 软元件	0x200001d0～0x200001ef	1	256
P 软元件	0x200001f0～0x200003ef	32	128
定时器线圈状态寄存器	0x200003f0～0x2000040f	1	256
定时器复位状态寄存器	0x20000410～0x2000042f	1	256
定时器当前值寄存器	0x20000430～0x2000080f	32	256
定时器设定值寄存器	0x20000810～0x20000c0f	32	256
计数器线圈状态寄存器	0x20000c10～0x20000c2f	1	256
计数器复位状态寄存器	0x20000c30～0x20000c4f	1	256
计数器当前值寄存器	0x20000c50～0x2000104f	32	256
计数器设定值寄存器	0x20001050～0x2000144f	32	256
D 软元件	0x20001450～0x2000444f	32	3 072
V 软元件	0x20004450～0x2000445b	32	12
Z 软元件	0x2000445c～0x20004467	32	12
X 软元件映像寄存器	0x20004468～0x2000446f	1	64
Y 软元件映像寄存器	0x20004470～0x20004477	1	64
M 软元件映像寄存器	0x20004478～0x200045f7	1	3 072
S 软元件映像寄存器	0x200045f8～0x20004617	1	256
T 软元件映像寄存器	0x20004618～0x20004637	1	256
C 软元件映像寄存器	0x20004638～0x20004657	1	256

3.2　静　态　编　译

静态编译不执行程序,只进行程序的信息分析和数据组织,不对 PLC 源程序进行功能性操作,只是生成适合动态编译的源程序。以 32 位形式保存,仍然是操作码＋操作数的格式,与源程序不同的是,源程序无法让系统直接控制程序流走向,而静态编译采用一种结构体的数据结构形式处理转移类指令来控制程序流走向。PLC 指令的静态编译将要解决以下一些问题。

(1)在 PLC 用户程序的指令系统中,PLC 的软元件都是按照二进制编号的方式出现的,程序执行过程中,需要将软元件的二进制编号转换成为该软元件的地址,尤其针对位单元地址的软元件,需要将位单元的软元件的地址转换为字地址、位单元位置。

(2)PLC 源程序中逻辑运算指令有两种,一种是带一个或两个及两个以上操作位的指令;另外一种是只有操作码的指令。FPGA 模块执行逻辑运算指令的逻辑运算,需要 ARM 提供逻辑运算指令的形式为操作码或立即操作位。立即操作位是直接能够参与运算的一个或两个及两个以上操作位的确定值。ARM 要从指令所指定的软元件的位单元中取出状态值作为立即操作位,组成 FPGA 模块能够执行的编码形式。

(3)由于定时器、计数器的定时和计数功能是需要 FPGA 来完成的,ARM 在执行 PLC 用户程序的过程中,需要按照定时器、计数器输出指令(OUT,SET,RST 应用指令)传输定时/计数参数,判断定时/计数是否结束等。

(4)PLC 用户程序的转移类指令,在转移类指令之后往往存在跳转地址的标号,执行 PLC 用户程序的过程中,ARM 无法预知转移标号的位置(地址);当执行转移指令时,需要对该转移指令后面的指令进行逐一查找,直到找到该转移指令的目的标号,确定其地址为止。转移类指令包括条件转移指令、子程序调用指令、中断指令等。

静态编译主要有以下两个作用,一是将 PLC 用户程序中位软元件编译成字地址＋位地址的形式,字软元件编译成字地址的形式;二是提取 PLC 用户程序的定时器和计数器的初始设定值对 FPGA 中定时器和计数器模块进行配置。为了使这两个作用得以实现,静态编译程序对 PLC 用户程序的编译过程中,首先需要对 PLC 用户程序进行解码,然后对其编码。静态编译后的 PLC 指令将发生变化,因此需要制定一套指令,以满足静态编译将软元件编译成字地址＋位地址形式的需要。

PLC 主机执行静态编译之后的 PLC 用户程序,有效避免了动态编译过程中需要反复不断地进行地址换算、遇到转移类指令需要搜索标号确定转移地址、遇到定时器/计数器输出类指令判断确定需要向 FPGA 模块传输定时/计数参数等问题,得以提高执行 PLC 用户程序的速度。

静态编译设计方法如下。

(1)逐条编译,编译结果仍然是操作码＋操作数的格式。

(2)对指令分成若干类型,编制子函数进行编译,将位单元的软元件标号编译成为字地址、位单元位置的位地址形式;将字单元软元件标号编译成为字地址。

(3)按照不同类型的软元件分配存储空间,失电需要保持的软元件状态或数据需要存储在失电保持的存储空间中。

(4)每个字单元软元件和位单元软元件的变量表示必须具有唯一性。

（5）对于转移类指令,采取一定方法确定其转移的具体地址。

（6）统计定时器/计数器的数量、类型、编号,将这些信息以及定时器/计数器设置的参数传输给 FPGA 模块;在动态编译时,不再向 FPGA 模块进行传输。

针对编程装置传输到 ARM 中的 PLC 用户源程序进行编译,静态编译采取从第一条指令开始逐条编译的方式,直到最后一条指令编译结束,并组成新的 PLC 用户程序存储在 FLASH 中,作为动态编译执行的新用户程序,经过静态编译后组成的 PLC 用户程序比 PLC 用户源程序所占存储空间更大。对于任何一个 PLC 用户源程序只进行一次静态编译,静态编译程序需要具有判断错误的功能,如果判断出错,需要重新开始编译,经过几次编译仍然出错,给出错误信息和警示信息。

3.3　静态编译的实现方法

PLC 的静态编译只在 PLC 源程序下载时执行一次,编译后的数据和结果需要保存在 FLASH 中,下次开机时无须重新进行静态编译就可直接读取,但是需要对相应的 RAM 区域进行初始化配置（静态数据配置）,建立 PLC 的运行环境。

PLC 静态编译相关的宏定义程序代码为

```
/ * 静态编译配置存储区 32 K    * /
# define STATIC_CONFIG_START_ADD   0x00058000
# define STATIC_CONFIG_END_ADD     0x0005FFFF
/ * PLC 静态编译后的程序存储区 128K * /
# define   PLC_COMPILE_SRC_START_ADD 0x00060000
# define   PLC_COMPILE_SRC_END_ADD   0x0007FFFF
/ * 指令存储 * /
# define   INSTRUCTBUFSIZE     4096/4              //指令缓存大小(字)
# define   INSTRUCTSIZE        148/4               //指令表结构体大小(字)
# define   INSTRUCTHEADSIZE    20/4                //指令表结构体表头大小(字)
# define   OPERANDTYPESIZE     4                   //操作数类型位宽
/ * 操作数类型 * /
# define   NORMALOPEN          0                   //常开
# define   NORMALCLOSE         1                   //常闭
# define   POSEDGE             2                   //上升沿微分
# define   NEGEDGE             3                   //下降沿微分
# define   REG_Y               0
# define   REG_M               1
# define   REG_S               2
# define   REG_T               3
# define   REG_C               4
# define   REG_D               5                   //D
# define   REG_V               6                   //V
# define   REG_Z               7                   //Z
# define   CON_K               8                   //常量 K
# define   CON_H               9                   //常量 H
# define   $K_n$XN             10                  //$K_n$Xn
# define   $K_n$YN             11                  //$K_n$Yn
# define   $K_n$SN             12                  //$K_n$Sn
```

```
# define   KₙMN                      13 //KₙMn
# define   DNVN                      14                              //DnVn
# define   DNZN                      15                              //DnZn
/ * 静态编译指令编码 * /
# define   LD_INSTR                  (2ul<<28)                       //LD 指令
# define   LDR_INSTR(3ul<<28)        //LDR 指令
# define   AND_INSTR                 (4ul<<28)                       //AND 指令
# define   OR_INSTR                  (5ul<<28)                       //OR 指令
# define   NOP_INSTR                 ((6ul<<28)|(0ul<<22))           //NOP 指令
# define   MPS_INSTR                 ((6ul<<28)|(1ul<<22))           //MPS 指令
# define   MRD_INSTR                 ((6ul<<28)|(2ul<<22))           //MRD 指令
# define   MPP_INSTR                 ((6ul<<28)|(3ul<<22))           //MPP 指令
# define   ANB_INSTR                 ((6ul<<28)|(4ul<<22))           //ANB 指令
# define   ORB_INSTR                 ((6ul<<28)|(5ul<<22))           //ORB 指令
# define   INV_INSTR                 ((6ul<<28)|(6ul<<22))           //INV 指令
# define   END_INSTR                 ((6ul<<28)|(7ul<<22))           //END 指令
# define   SET_INSTR                 ((6ul<<28)|(8ul<<22))           //SET 指令
# define   RST_INSTR                 ((6ul<<28)|(9ul<<22))           //RST 指令
# define   PLS_INSTR                 ((6ul<<28)|(10ul<<22))          //PLS 指令
# define   PLF_INSTR                 ((6ul<<28)|(11ul<<22))          //PLF 指令
# define   RET_INSTR                 ((6ul<<28)|(12ul<<22))          //RET 指令
# define   MC_INSTR                  ((6ul<<28)|(13ul<<22))          //MC 指令
# define   MCR_INSTR                 ((6ul<<28)|(14ul<<22))          //MCR 指令
# define   STL_INSTR                 ((6ul<<28)|(15ul<<22))          //STL 指令
# define   OUT_INSTR                 ((6ul<<28)|(16ul<<22))          //OUT 指令
# define   OUT_KD_INSTR              (14ul<<28)                      //OUT(K/D)指令
```

在实际的 PLC 程序中指令所带的操作数不是固定的,为了满足 PLC 指令可变长的存储需求,设计了一种 InstructTypeDef 类型的结构体 InstructTypeDef InstructCompile,用于指令的编译和存储,其定义如下:

```
typedef struct {
  uint32_t Instruct；  //操作码
  uint32_t OperandNumber；  //操作数个数
  uint32_t InstructLine；  //程序行数
  uint32_t OperandType[2]；  //操作数类型
  struct {
    uint32_t OperandWordAddr；  //操作数字地址
    uint32_t OperandBitAddr；  //操作数位地址
  } OperandAddr[OPERAND_MAX_NUMBER]；  //操作数数组
}InstructTypeDef;
```

其中,Instruct 为编译后的 PLC 操作码编码,OperandNumber 为所带操作数的个数,InstructLine 为 PLC 指令所在 PLC 用户程序的行数,OperandType 为操作数类型,Operand-WordAddr 为操作数字地址,OperandBitAddr 为操作数位地址。

(1)编译后的 PLC 操作码编码(Instruct)

在 PLC 程序中,为区分不同的指令需要高 13 位的编码不同,为简化 PLC 静态编译后的指令编码方式,降低静态编译的复杂度,提高静态编译的效率,静态编译后的操作码采用 32 位编码,用高 13 位区分不同的指令,低 19 位定义为 0,见表 3-4。

表 3-4　32 位操作码编码格式

D31-D19	D18-D0
操作码	0

（2）操作数类型（OperandType）

1）对于 LD,LDR,AND,OR 操作码所带操作数,由于规定 PLC 最多带 16 个,所以操作数类型用两个 32 位数表示,每个操作数的类型用 4 位编码。操作数类型为:0—常开,1—I,2—P,3—F,见表 3-5。

表 3-5　操作数类型编码格式表

	D31~D28	D27~D24	D23~D20	D19~D16	D15~D12	D11~D8	D7~D4	D3~D0
OperandType[0]	操作数类型 8~1							
OperandType[1]	操作数类型 16~9							

2）对于其他指令操作数类型为 0—Y　1—M　2—S　3-T　4—C　5—D　6—V　7—Z　8—K　9—H　10—K_nX　11—K_nY　12—K_nS　13—K_nM　14—DnV　15—DnZ。

3）而对于带多个操作数的 PLC 指令 OperandType[1]用途有所不同,这是为了提高动态编译的执行效率,具体情况在介绍带多个操作数静态编译过程的例子中说明。

4）对于另一些操作数无需指出操作数类型,故没有对其类型进行编码。比如标号 P,一般用在跳转指令 CJ 和函数调用指令 CALL 中,根据操作码即可确定其操作数类型。

（3）操作数地址（OperandAddr）

由于最多具有 16 个操作数,所以设 OperandAddr 结构体数组大小为 16。OperandAddr. OperandWordAddr 为字地址,OperandAddr. OperandBitAddr 为位地址。操作数字地址可以由 PLC 源程序中 PLC 指令所带软元件的编号来确定。对于位软元件(软元件的值可用一个位来表示,如 X,M,Y 等),其操作数字地址的计算方法为位软元件基址＋位软元件编号/32×4。操作数的位地址表示软元件在一个 32 位数中所在的位置,计算方法为软元件编号％32。对于字软元件(软元件占用 32 位的存储空间),其操作数字地址的计算方法为字软元件基址＋字软元件编号×4,操作数位地址为 0。

（4）静态编译后的程序存储与读取

静态编译后的程序存储在 Flash 中,为方便编译指令的读取,增加代码密度,充分利用存储空间,采用了顺序存储结构。由于不同的操作码带的操作数不同,如果按照 InstructTypeDef 类型结构体大小进行存储,会造成 Flash 空间浪费,故采用指令的变长存储方法,即根据操作数(OperandNumber)的不同,确定所占用 Flash 空间的大小,截取结构体中有用的部分存储。

动态编译中读取指令时,仍以 InstructTypeDef 类型进行读取,读取下一条指令(非跳转指令)时,则根据操作数的个数(OperandNumber)计算出地址的偏移量即可,如图 3-3 所示,下一条指令偏移量的计算公式为(OperandNumber×2＋5)×4,分析可知,每增加一个操作数,指令存储占用的行数多两行。

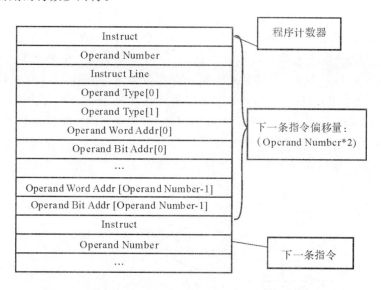

图 3 - 3　静态编译后的 PLC 指令在 Flash 中的存储结构图

3.4　基本指令的静态编译

基本逻辑运算指令 LD,LDR,AND 和 OR 可以带单个及多个操作数。

3.4.1　带多个操作数指令的静态编译

PLC 指令格式一般为"操作码＋操作数",为了提高执行 PLC 指令的效率,CX PLC 指令系统中 LD,LDR,OR,AND 基本指令是可以带多个操作数的。其格式为

操作码　操作数 1　操作数 2　操作数 3　……　操作数 n

如图 3 - 4 所示是带多个操作数指令的静态编译流程图(规定最多能带 16 个操作数),在判断源程序为非空且源程序未完成静态编译情况下,按顺序对编码从高位到低位进行查询,根据操作码判断指令是否为基本逻辑运算指令,因为只有基本逻辑运算指令可以带多个操作数,如果是基本逻辑运算指令,则将操作码存入结构体变量中,然后开始处理第一个操作数,对操作数进行解码并提取该操作数类型及各个操作数的字地址、位地址等信息,操作数个数置 1,接着判断指令是否结束。当前指令未结束则继续处理下一个操作数,提取操作数相应信息,完成提取信息后操作数个数加 1,继续判断当前指令是否结束,结束则判断是否遇到 END 指令,遇到 END 指令的话静态编译结束,没有遇到 END 指令的话,继续读取下一条指令,并且对该指令进行判断,确认是否达到基本逻辑运算指令的要求。

基本逻辑运算指令所带操作数的类型可以是 X/Y/M/S/T/C 6 种类型中的任意一种,具体编译过程用 LDR 指令做例子进行说明,比如在指令行 LDR　X01　X02　M03 中,静态编译过程就是先从源程序中解码出该程序行的信息,提取出操作码、操作数个数、程序行数、每个操作数类型及各个操作数的字地址、位地址等信息后才能赋给这个结构体变量,然后用定义的结构体 InstructCompile 将相应变量存储起来,把原指令转化成另一种指令编码。分析指令行

LDR　X01　X02　M03 源程序编码为 0x48024810 和 0x4019FFFF（静态编译前编码），程序对源程序解码是顺序读取每位信息，与课题组其他成员设计的 LDR 指令带 n 个操作数（n 大于 2 且 n 为奇数）编码表对比可知，由第一个 32 位指令编码 0x48024810 中 D31～D27 位判断为操作码 LDR，D26～D15 为第一操作数信息，其中由 D26～D17 位判断第一操作数类型为 X，且软元件编号为 1；由 D16～D15 位判断第一操作数为常开方式；由 D14～D1 位判断第二操作数信息，其中由 D14～D13 位判断第二操作数类型为 X、软元件编号为 2 由 D2～D1 位判断第二操作数为常开方式，D0 位指令结束位判断位，由第二个 32 位编码 0x4019FFFF 中 D31～D17 位判断第三操作数类型为 M、软元件编号为 3，第二个 32 位编码 0x4019FFFF 中 D16～D15 位为指令结束标志，后面 D14～D0 位全部置 1。

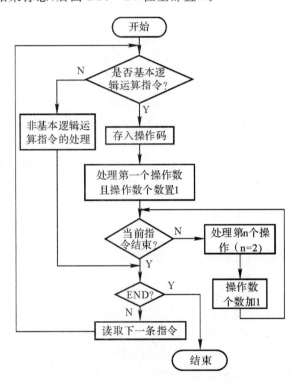

图 3-4　带多个操作数指令静态编译流程图

　　因此，由源程序编码获取到的信息是操作码为 LDR，操作数个数为 3，操作数 1 为 X01，操作数 2 为 X02，操作数 3 为 M03。

　　软元件是通过基址表来设计的。比如软元件 X 的基址十六进制表示为 0x20000000，M 的基址十六进制表示为 0x20000010。其操作数字地址的计算方法：操作数字地址＝位软元件基址＋位软元件编号%32×4，计算得到操作数 1 字地址为 0x20000000，位地址为 0x01；操作数 2 字地址为 0x20000000，位地址为 0x02；操作数 3 字地址为 0x20000010，位地址为 0x03。

　　表 3-6 为 LDR 操作数类型及位地址和字地址的编码格式，操作数 1 的类型信息存储在结构体数组 OperandType[0] 的 D3～D0 位中，操作数 1 的字地址 0x20000000 存储在结构体数组 OperandWordAddr[0] 中，位地址信息 0x01 存在结构体数组 OperandBitAddr[0] 中。类型信息存储在结构体数组 OperandType[0] 的 D7－D4 位中，操作数 2 的字地址 0x20000000

存储在结构体数组 OperandWordAddr[1]中,位地址 0x02 存储在结构体数组 OperandBitAd-dr[1]中,字地址 0x20000010 存储在结构体数组 OperandWordAddr[2]中,位地址 0x03 存储在结构体数组 OperandBitAddr[2]中。

表 3 - 6　LD,LDR,OR,AND 操作数类型及位地址和字地址的编码格式表

LD,LDR,AND,OR		D31~D0
类型	OperandType[0]	操作数类型 8—1
	OperandType[1]	操作数类型 16—9
字地址	OperandWordAddr	X/Y/M/S/T/C 字地址
位地址	OperandBitAddr	X/Y/M/S/T/C 位地址

将 PLC 用户程序指令行 LDR X01 X02 M03 的操作码、操作数、操作数字地址和位地址等信息提取出来,软元件 X01,X02,M03 编译成了字地址＋位地址的形式,并存储在定义的结构体 InstructTypeDef 中,静态编译后的二进制编码为 0x30000000　0x00000003　0x00000004　0x00000000　0x00000003　0x20000001　0x20000190　0x00000002　0x20000010　0x00000003。

如果操作数是 C,T,Y 三种类型,方法也是将每种操作数字地址和位地址信息提取并且存储起来,特别是 C,T 类型操作数需要进行特殊处理,会在后面章节介绍。另外,LD,LDR,OR,AND 带单个操作数编码参照带单个操作数编码表,静态编译过程也与带多个操作数类似。

处理基本指令程序代码如下:

```
/* instruct—指令编码 operandbaseadd—操作数基地址 operandnumber—软元件编号 operandtype—软元件类型(常开/I/P/F) */
void ProcessBasicInstruct(uint32_t instruct, uint32_t operandbaseadd, uint32_t operandnumber, uint32_t operandtype)
  {
  /* 提取最前面的操作数 */
  InstructCompile. Instruct＝instruct;
  InstructCompile. OperandNumber＝1;
  InstructCompile. InstructLine＝InstructLine;
  InstructCompile. OperandType[0]＝operandtype;
  InstructCompile. OperandAddr[0]. OperandWordAddr＝operandbaseadd＋((operandnumber)/32)*4;
  InstructCompile. OperandAddr[0]. OperandBitAddr＝operandnumber%32;
  PLC_CMD＝(PLC_TEMP&(3<<13))>>13;
  if(PLC_CMD! ＝3)//指令未结束
  {
    switch(PLC_CMD)
    {
      case 0://MI
      {
        PLC_CMD＝(PLC_TEMP&(3ul<<1))>>1;
        InstructCompile. OperandType[0]|＝PLC_CMD<<OPERANDTYPESIZE;
        PLC_CMD＝(PLC_TEMP&(1023ul<<3))>>3;
```

```
        InstructCompile. OperandNumber=2;
        InstructCompile. OperandAddr[1]. OperandWordAddr=M_BASE_ADD+(PLC_CMD/32)*4;
        InstructCompile. OperandAddr[1]. OperandBitAddr=PLC_CMD%32;
    }
    break;
    case 1://MII
    {
        PLC_CMD=(PLC_TEMP&(1ul<<1))>>1;
        InstructCompile. OperandType[0]|=PLC_CMD<<OPERANDTYPESIZE;
        PLC_CMD=(PLC_TEMP&(2047ul<<2))>>2;
        InstructCompile. OperandNumber=2;
        InstructCompile. OperandAddr[1]. OperandWordAddr=M_BASE_ADD+(PLC_CMD+1024)/8;
        InstructCompile. OperandAddr[1]. OperandBitAddr=PLC_CMD%32;
    }
    break;
    case 2://X/Y/S/T/C
    {
        PLC_CMD=(PLC_TEMP&(3ul<<11))>>11;
        switch(PLC_CMD)
        {   case 0://X/Y
            {
                PLC_CMD=(PLC_TEMP&(3ul<<9))>>9;
                switch(PLC_CMD)
                {
                    case 0://X
                    {
                        PLC_CMD=(PLC_TEMP&(3ul<<1))>>1;
                        InstructCompile. OperandType[0]=PLC_CMD<<OPERANDTYPESIZE;
                        PLC_CMD=(PLC_TEMP&(63ul<<3))>>3;
                        InstructCompile. OperandNumber=2;
                        InstructCompile. OperandAddr[1]. OperandWordAddr
                        =X_BASE_ADD+(PLC_CMD/32)*4;
                        InstructCompile. OperandAddr[1]. OperandBitAddr=PLC_CMD%32;
                    }
                    break;
                    case 1://Y
                    {
                        PLC_CMD=(PLC_TEMP&(3ul<<1))>>1;
                        InstructCompile. OperandType[0]=PLC_CMD<<OPERANDTYPESIZE;
                        PLC_CMD=(PLC_TEMP&(63ul<<3))>>3;
                        InstructCompile. OperandNumber=2;
                        InstructCompile. OperandAddr[1]. OperandWordAddr
                        =Y_BASE_ADD+(PLC_CMD/32)*4;
                        InstructCompile. OperandAddr[1]. OperandBitAddr=PLC_CMD%32;
                    }
                    break;
                }
            }
            break;
            case 1://S
            {   PLC_CMD=(PLC_TEMP&(3ul<<1))>>1;
```

```
        InstructCompile. OperandType[0]=PLC_CMD<<OPERANDTYPESIZE;
        PLC_CMD=(PLC_TEMP&(255ul<<3))>>3;
        InstructCompile. OperandNumber=2;
        InstructCompile. OperandAddr[1]. OperandWordAddr
          =S_BASE_ADD+(PLC_CMD/32) * 4;
        InstructCompile. OperandAddr[1]. OperandBitAddr=PLC_CMD%32;
        }
      break;
      case 2;//T
      {
        PLC_CMD=(PLC_TEMP&(3ul<<1))>>1;
        InstructCompile. OperandType[0]=PLC_CMD<<OPERANDTYPESIZE;PLC_CMD=
(PLC_TEMP&(255ul<<3))>>3;
        InstructCompile. OperandNumber=2;
        InstructCompile. OperandAddr[1]. OperandWordAddr
          =T_BASE_ADD+(PLC_CMD/32) * 4;
        InstructCompile. OperandAddr[1]. OperandBitAddr=PLC_CMD%32;
        }
      break;
      case 3;//C
      {
        PLC_CMD=(PLC_TEMP&(3ul<<1))>>1;
        InstructCompile. OperandType[0]=PLC_CMD<<OPERANDTYPESIZE;PLC_CMD=
(PLC_TEMP&(255ul<<3))>>3;
        InstructCompile. OperandNumber=2;
        InstructCompile. OperandAddr[1]. OperandWordAddr
          =C_BASE_ADD+(PLC_CMD/32) * 4;
        InstructCompile. OperandAddr[1]. OperandBitAddr=PLC_CMD%32;
        }
      break;
      }
    }
  break;
  }
  / * 处理其他操作数 * /
  PLC_CMD=PLC_TEMP&0x00000001;//判断指令结束标志
  if(! PLC_CMD)//指令未结束
  {
    do
    {
    PLC_PC+=4;//指向下一条指令
    PLC_TEMP=PLC_RAM32(PLC_PC);
    PLC_CMD=(PLC_TEMP&(3ul<<29))>>29;
    InstructCompile. OperandNumber+=1;
    switch(PLC_CMD)
    {
      case 0;//MI
      {
        PLC_CMD=(PLC_TEMP&(3ul<<17))>>17;
        InstructCompile. OperandType[(InstructCompile. OperandNumber-1)/8]
          =PLC_CMD<<(OPERANDTYPESIZE * ((InstructCompile. OperandNumber-1)%8));
```

```
      PLC_CMD=(PLC_TEMP&(1023ul<<19))>>19;
      InstructCompile. OperandAddr[InstructCompile. OperandNumber-1]
    . OperandWordAddr=M_BASE_ADD+(PLC_CMD/32) * 4;
      InstructCompile. OperandAddr[InstructCompile. OperandNumber-1]
    . OperandBitAddr=PLC_CMD%32;
    }
    break;
    case 1://MII
    {
      PLC_CMD=(PLC_TEMP&(1ul<<17))>>17;
      InstructCompile. OperandType[(InstructCompile. OperandNumber-1)/8]
    =PLC_CMD<<(OPERANDTYPESIZE * ((InstructCompile. OperandNumber-1)%8));
      PLC_CMD=(PLC_TEMP&(2047ul<<18))>>18;
    InstructCompile. OperandAddr[InstructCompile. OperandNumber-1]
    . OperandWordAddr=M_BASE_ADD+(PLC_CMD+1024)/8;
    InstructCompile. OperandAddr[InstructCompile. OperandNumber-1]
    . OperandBitAddr=PLC_CMD%32;
    }
    break;
    case 2://X/Y/T/C
    {
      PLC_CMD=(PLC_TEMP&(3ul<<27))>>27;
      switch(PLC_CMD)
      {
        case0://X/Y
        {
          PLC_CMD=(PLC_TEMP&(3ul<<25))>>25;
          switch(PLC_CMD)
          {
            case 0://X
            {
              PLC_CMD=(PLC_TEMP&(3ul<<17))>>17;
    InstructCompile. OperandType [( InstructCompile. OperandNumber - 1 )/8 ] = PLC _ CMD < <
(OPERANDTYPESIZE * ((InstructCompile. OperandNumber-1)%8));

              PLC_CMD=(PLC_TEMP&(63ul<<19))>>19;
    InstructCompile. OperandAddr[InstructCompile. OperandNumber-1]. OperandWordAddr = X_BASE_
ADD+(PLC_CMD/32) * 4;
    InstructCompile. OperandAddr [InstructCompile. OperandNumber - 1]. OperandBitAddr = PLC_
CMD%32;
            }
            break;
            case2://Y
            {
              PLC_CMD=(PLC_TEMP&(3ul<<17))>>17;
    InstructCompile. OperandType [( InstructCompile. OperandNumber - 1 )/8 ] = PLC _ CMD < <
(OPERANDTYPESIZE * ((InstructCompile. OperandNumber-1)%8));

              PLC_CMD=(PLC_TEMP&(63ul<<19))>>19;
    InstructCompile. OperandAddr[InstructCompile. OperandNumber-1]. OperandWordAddr = Y_BASE_
ADD+(PLC_CMD/32) * 4;
```

```
    InstructCompile. OperandAddr [InstructCompile. OperandNumber − 1]. OperandBitAddr = PLC_
CMD%32;
                    }
                    break;
                }
            }
            break;
            case 1://S
            {
                PLC_CMD=(PLC_TEMP&(3ul<<17))>>17;
    InstructCompile. OperandType [(InstructCompile. OperandNumber − 1)/8] = PLC_CMD <<
(OPERANDTYPESIZE * ((InstructCompile. OperandNumber−1)%8));

                PLC_CMD=(PLC_TEMP&(255ul<<19))>>19;
    InstructCompile. OperandAddr[InstructCompile. OperandNumber − 1]. OperandWordAddr = S_BASE_
ADD+(PLC_CMD/32) * 4;
    InstructCompile. OperandAddr [InstructCompile. OperandNumber − 1]. OperandBitAddr = PLC_
CMD%32;
            }
            break;
            case 2://T
            {
                PLC_CMD=(PLC_TEMP&(3ul<<17))>>17;
    InstructCompile. OperandType [(InstructCompile. OperandNumber − 1)/8] = PLC_CMD <<
(OPERANDTYPESIZE * ((InstructCompile. OperandNumber−1)%8));

                PLC_CMD=(PLC_TEMP&(255ul<<19))>>19;
    InstructCompile. OperandAddr[InstructCompile. OperandNumber − 1]. OperandWordAddr = T_BASE_
ADD+(PLC_CMD/32) * 4;
    InstructCompile. OperandAddr [InstructCompile. OperandNumber − 1]. OperandBitAddr = PLC_
CMD%32;
            }
            case 3://C
            {
                PLC_CMD=(PLC_TEMP&(3ul<<17))>>17;
    InstructCompile. OperandType [(InstructCompile. OperandNumber − 1)/8] = PLC_CMD <<
(OPERANDTYPESIZE * ((InstructCompile. OperandNumber−1)%8));

                PLC_CMD=(PLC_TEMP&(255ul<<19))>>19;
    InstructCompile. OperandAddr[InstructCompile. OperandNumber − 1]. OperandWordAddr = C_BASE_
ADD+(PLC_CMD/32) * 4;
    InstructCompile. OperandAddr [InstructCompile. OperandNumber − 1]. OperandBitAddr = PLC_
CMD%32;
            }
            break;
        }
    }
    break;
}
PLC_CMD=(PLC_TEMP&(3ul<<15))>>15;//判断指令结束标志
if(PLC_CMD! =3)//指令未结束
```

```
    {
        InstructCompile. OperandNumber+=1;
        PLC_CMD=(PLC_TEMP&(3ul<<13))>>13;
        switch(PLC_CMD)
        {
            case 0://MI
            {
                PLC_CMD=(PLC_TEMP&(3ul<<1))>>1;
    InstructCompile. OperandType [( InstructCompile. OperandNumber - 1 )/8 ] = PLC _ CMD < <
(OPERANDTYPESIZE * ((InstructCompile. OperandNumber-1)%8));

                PLC_CMD=(PLC_TEMP&(1023ul<<3))>>3;
    InstructCompile. OperandAddr[InstructCompile. OperandNumber-1]. OperandWordAddr = M_BASE_
ADD+(PLC_CMD/32) * 4;
    InstructCompile. OperandAddr [InstructCompile. OperandNumber - 1]. OperandBitAddr = PLC _
CMD%32;
            }
            break;
            case 1://MII
            {
                PLC_CMD=(PLC_TEMP&(1ul<<1))>>1;
    InstructCompile. OperandType [( InstructCompile. OperandNumber - 1 )/8 ] = PLC _ CMD < <
(OPERANDTYPESIZE * ((InstructCompile. OperandNumber-1)%8));

                PLC_CMD=(PLC_TEMP&(2047ul<<2))>>2;
    InstructCompile. OperandAddr[InstructCompile. OperandNumber-1]. OperandWordAddr = M_BASE_
ADD+(PLC_CMD+1024)/8;
    InstructCompile. OperandAddr [InstructCompile. OperandNumber - 1]. OperandBitAddr = PLC _
CMD%32;
            }
            break;
            case 2://X/Y/S/T/C
            {
                PLC_CMD=(PLC_TEMP&(3ul<<11))>>11;
                switch(PLC_CMD)
                {
                    case 0://X/Y
                    {
                        PLC_CMD=(PLC_TEMP&(3ul<<9))>>9;
                        switch(PLC_CMD)
                        {
                            case 0://X
                            {
                                PLC_CMD=(PLC_TEMP&(3ul<<1))>>1;
    InstructCompile. OperandType [( InstructCompile. OperandNumber - 1 )/8 ] = PLC _ CMD < <
(OPERANDTYPESIZE * ((InstructCompile. OperandNumber-1)%8));

                                PLC_CMD=(PLC_TEMP&(63ul<<3))>>3;
    InstructCompile. OperandAddr[InstructCompile. OperandNumber-1]. OperandWordAddr = X_BASE_
ADD+(PLC_CMD/32) * 4;
    InstructCompile. OperandAddr [InstructCompile. OperandNumber - 1]. OperandBitAddr = PLC _
```

```
CMD%32;
                    }
                    break;
                case 2://Y
                    {
                        PLC_CMD=(PLC_TEMP&(3ul<<1))>>1;
    InstructCompile. OperandType [( InstructCompile. OperandNumber － 1 )/8 ] = PLC _ CMD < <
(OPERANDTYPESIZE * ((InstructCompile. OperandNumber－1)%8));

                        PLC_CMD=(PLC_TEMP&(63ul<<3))>>3;
    InstructCompile. OperandAddr[InstructCompile. OperandNumber－1]. OperandWordAddr＝Y_BASE_
ADD＋(PLC_CMD/32) * 4;
    InstructCompile. OperandAddr [ InstructCompile. OperandNumber － 1 ]. OperandBitAddr ＝ PLC _
CMD%32;
                    }
                    break;
                }
            }
            break;
        case 1://S
            {
                PLC_CMD=(PLC_TEMP&(3ul<<1))>>1;
    InstructCompile. OperandType [( InstructCompile. OperandNumber － 1 )/8 ] = PLC _ CMD < <
(OPERANDTYPESIZE * ((InstructCompile. OperandNumber－1)%8));

                PLC_CMD=(PLC_TEMP&(255ul<<3))>>3;
    InstructCompile. OperandAddr[InstructCompile. OperandNumber－1]. OperandWordAddr＝S_BASE_
ADD＋(PLC_CMD/32) * 4;
    InstructCompile. OperandAddr [ InstructCompile. OperandNumber － 1 ]. OperandBitAddr ＝ PLC _
CMD%32;
            }
            break;
        case 2://T
            {
                PLC_CMD=(PLC_TEMP&(3ul<<1))>>1;
    InstructCompile. OperandType [( InstructCompile. OperandNumber － 1 )/8 ] = PLC _ CMD < <
(OPERANDTYPESIZE * ((InstructCompile. OperandNumber－1)%8));

                PLC_CMD=(PLC_TEMP&(255ul<<3))>>3;
    InstructCompile. OperandAddr[InstructCompile. OperandNumber－1]. OperandWordAddr＝T_BASE_
ADD＋(PLC_CMD/32) * 4;
    InstructCompile. OperandAddr [ InstructCompile. OperandNumber － 1 ]. OperandBitAddr ＝ PLC _
CMD%32;
            }
            break;
        case 3://C
            {
                PLC_CMD=(PLC_TEMP&(3ul<<1))>>1;
    InstructCompile. OperandType [( InstructCompile. OperandNumber － 1 )/8 ] = PLC _ CMD < <
(OPERANDTYPESIZE * ((InstructCompile. OperandNumber－1)%8));
```

```
                PLC_CMD=(PLC_TEMP&(255ul<<3))>>3;
    InstructCompile.OperandAddr[InstructCompile.OperandNumber-1].OperandWordAddr=C_BASE_
ADD+(PLC_CMD/32)*4;
    InstructCompile.OperandAddr[InstructCompile.OperandNumber-1].OperandBitAddr=PLC_
CMD%32;
                    }
                    break;
                }
            }
            break;
        }
    }
    else
    {
        break;//跳出循环
    }
    PLC_CMD=PLC_TEMP&0x00000001;//读取指令结束标志
}while(! PLC_CMD);
}
}
//结束处理
PLC_PC+=4;
//存储编译的指令
SaveCompileInstruct();
}
```

3.4.2　定时器和计数器指令的静态编译

由表 3-6 基本逻辑运算指令操作数类型及位地址和字地址的编码格式可知,LD,LDR,AND 和 OR 指令所带操作数的类型包含计数器 C 和定时器 T,另外操作数包含 C,T 的基本指令还包括 RST,SET,OUT,接下来主要通过介绍 RST 指令、OUT 指令带操作数 C,T 的处理方法来了解这类指令的静态编译。表 3-7 的 PLC 指令表,包含了操作数是定时器和计数器的 OUT 指令,用这个程序作为例子。PLC 程序是顺序执行的,第 1,2 行程序,当 X0 驱动条件成立时,定时器开始定时,第 3 行程序,定时为 5 s 时,执行 Y0 任务,第 5 行程序,当 X1 驱动条件成立时,计数器开始工作,且对软元件 X1 计数满 5 次,执行 Y1 任务,第 9 行程序,对定时器进行复位,第 10 行程序,对计数器进行复位,程序结束。

表 3-7 中第 2 行程序中的 OUT T5 K10,源程序编码为 0xE014000A,操作数 1 类型为定时器 T,查软元件基址表,可以知道软元件 T 的基址 16 进制表示为 0x20000510,计算得到操作数 1 定时器 T 字地址为 0x20000510,位地址为 0x5。OUT 操作数类型及位地址和字地址的编码格式见表 3-8,操作数 1 的定时器 T 的类型信息存入数组 OperandType[0]中的 D0~D3 位,K 类型存在 OperandType[0]中的 D4~D7 位,T 编号 5 存储在数组 OperandType[1]中,OperandWordAddr[0]数组存入信息为 0x20000510,OperandBitAddr[0]数组存入信息为 0x5,OperandWordAddr[1]数组存入信息为 K 值 10,OperandBitAddr[1]数组存入信息为 0。此时指令 OUT T5 K10 的操作码、定时器类型及编号转化为字地址与位地址形式并存储在结构体中,而且提取了 K10 存入了定时器设定值寄存器中,方便静态编译数据配置时使用,此条指令静态编译后编码为 0xE0000000 0x00000002 0x00000001 0x00000083 0x00000005

0x200001B0 0x00000005 0x0000000A 0x00000000。

表 3 - 7　PLC 程序指令表

1	LD　X0
2	OUT　T5　K10
3	LD　T5
4	OUT　Y0
5	LD　X1
6	OUT　C6　D15
7	LD　C6
8	OUT　Y1
9	RST　T5
10	RST　C6
11	END

表 3 - 8　OUT 操作数类型及位地址和字地址的编码格式表

	OUT_T/C	D31～D4	D3～D0
类型	OperandType[0]	K/D 类型	T/C 类型
	OperandType[1]		T/C 编号
字地址	OperandWordAddr[0]		T/C 字地址
位地址	OperandBitAddr[0]		T/C 位地址
字地址	OperandWordAddr[1]		K 值/D 编号
位地址	OperandBitAddr[1]		0

第 6 行程序 OUT C6 D15,源程序编码为 0xEC1BC00F,操作数个数为 2,操作数 1 类型为计数器 C,操作数 2 类型为数据寄存器 D,应用软元件基址表,可以知道软元件 C 的基址 16 进制表示为 0x20000D50,因此操作数 1 的字地址为 0x20000D50,位地址为 0x6,操作数 2 软元件 D 的基地址为 0x200015B0,字地址即为 0x200015B0,位地址根据公式:软元件编号％32,计算结果为 0x15。由表 3 - 8 可知,数组 OperandType[0]中的 D0～D3 位赋予操作数 1 软元件 C 类型信息,C 编号 6 信息赋予数组 OperandType[1],C 字地址 0x20000D50 信息赋给数组 OperandWordAddr[0],C 位地址 6 信息赋给数组 OperandBitAddr[0],数组 OperandType[0]中的 D4～D7 位赋予操作数 2 软元件 D 类型信息,D 编号 15 信息赋给数组 OperandWordAddr[1],而数组 OperandBitAddr[1]赋给 0。

此时指令 OUT C6 D15 的操作码、计数器类型及编号转化为字地址与位地址形式并存储在结构体中,而且提取了 D15 中的数值存入了计数器设定值寄存器中,方便静态编译数据配置时使用,此条指令静态编译后编码为 0xE0000000 0x00000002 0x00000003 0x00000054 0x00000006 0x200001D0 0x00000006 0x2000148C 0x0000000F。

在以上处理两条含 C 和 T 的 OUT 指令时,提取 PLC 用户程序中定时器和计数器的初始设定值,并按照定时器和计数器的编号,将定时器和计数器的初始设定值写入相应双口 RAM 中定时器和计数器设定值区域。

SET,RST 以及基本逻辑运算指令带操作数如果是 C 或 T,和举例的指令 OUT 一样需要将定时器或者计数器的定时、计数参数存储在相应的设定值寄存器中。

又比如第 9 行程序 RST T5,源程序编码为 0x625FFF05,操作数个数为 1,操作数 1 类型为定时器 T,计算得到操作数 1 定时器 T 字地址为 0x20000510,位地址为 5。表 3-9 所示是 RST 操作数类型及位地址和字地址的编码格式,操作数 T 类型信息赋给数组 OperandType[0],T 编号 5 赋给数组 OperandType[1],T 字地址 0x20000510 赋给数组 OperandWordAddr[1],位地址 5 赋给数组 OperandBitAddr[1]。此时程序行 RST T5 的操作码及操作数信息提取完成并以结构体 InstructCompile 存在 FLASH 中,另外,定时器设定值寄存器复位,设定值变为 0,此条指令静态编译后编码为 0x62400000 0x00000001 0x00000005 0x00000003 0x00000005 0x200001B0 0x00000005。

表 3-9 RST 操作数类型及位地址和字地址的编码格式表

RST		D31~D0
类型	OperandType[0]	Y/M/S/T/C/D/V/Z 类型
	OperandType[1]	Y/M/S/T/C/D/V/Z 编号
字地址	OperandWordAddr[1]	Y/M/S/T/C/D/V/Z 字地址
位地址	OperandBitAddr[1]	Y/M/S/T/C 位地址或者 0(当操作数为 D/V/Z 时)

第 10 行程序 RST C6,源程序编码为 0x6267FF06,操作数个数为 1,操作数 1 类型为计数器 C,计算得到操作数 1 软元件 C 的字地址为 0x20000D50,位地址为 6。如表 3-9 中 RST 操作数类型及位地址和字地址的编码格式所示,操作数 C 类型信息赋给数组 OperandType[0],C 编号 6 赋给数组 OperandType[1],C 字地址 0x20000D50 赋给数组 OperandWordAddr[1],位地址 6 赋给数组 OperandBitAddr[1]。此时程序行 RST C6 的操作码及操作数信息提取完成并以结构体 InstructCompile 存在 FLASH 中,另外,计数器设定值寄存器复位,设定值变为 0,此条指令静态编译后编码为 0x62400000 0x00000001 0x00000006 0x00000004 0x00000006 0x200001D0 0x00000006。

由表 3-9 可知,RST 指令带的操作数如果是字软元件 D/V/Z 任意一种时的位地址为 0。如 PLC 语句 RST V00,源程序编码为 0x6277FFF8,操作数个数为 1,操作数类型是字软元件 V,从表 3-9 中可以知道字软元件 V 的基址 16 进制表示为 0x200045B0,字软元件字地址计算方法:字软元件基址+字软元件编号×字软元件所占字节长度,位地址计算方法:软元件编号%32,与其他位软元件字地址和位地址计算方法有些区别,通过计算,操作数 V 的字地址为 0x200045B0,位地址为 00。如表 3-9 所示,操作数 V 变址寄存器信息赋给数组 OperandType[0],V 编号 00 赋给数组 OperandType[1],字地址 0x200045B0 赋给数组 OperandWordAddr[0],位地址赋给变量 OperandBitAddr[0]。此时程序行 RST V00 的操作码及操作数信息提取完成并以结构体 InstructCompile 存在 FLASH 中,此条指令静态编译后编码为 0x62400000 0x00000001 0x00000002 0x00000006 0x00000000 0x20004450 0x00000000。

3.4.3 无操作数指令的静态编译

NOP/MPS/MRD/MPP/ANB/ORB/INV/END/RET 这 9 种基本指令都是不带操作数的,只需将操作码变量正确提取并赋给结构体 InstructCompile,而结构体其他变量都填入 0。无操作数基本指令位地址和字地址的编码格式见表 3-10。如指令 END,静态编译前编码是 0x61FFFFFF, 静态编译后编码变为 0x61C00000 0x00000000 0x00000007 0x00000000 0x00000000。

表 3-10　无操作数基本指令位地址和字地址的编码格式表

NOP/MPS/MRD/MPP/ANB/ORB/INV/END/RET		D31~D0
类型	OperandType[0]	0
	OperandType[1]	0

```
case 0://NOP
    {
    InstructCompile. Instruct=NOP_INSTR;
    InstructCompile. OperandNumber=0;
    InstructCompile. InstructLine=InstructLine;
    InstructCompile. OperandType[0]=0;
    InstructCompile. OperandType[1]=0;
    /*存储编译的指令*/
    SaveCompileInstruct();
    InstructLine++;
    PLC_PC+=4;
    }
    break;
case 1://MPS
    {
    InstructCompile. Instruct=MPS_INSTR;
    InstructCompile. OperandNumber=0;
    InstructCompile. InstructLine=InstructLine;
    InstructCompile. OperandType[0]=0;
    InstructCompile. OperandType[1]=0;
    /*存储编译的指令*/
    SaveCompileInstruct();
    PLC_PC+=4;
    }
        break;
case 2://MRD
    {
    InstructCompile. Instruct=MRD_INSTR;
    InstructCompile. OperandNumber=0;
    InstructCompile. InstructLine=InstructLine;
    InstructCompile. OperandType[0]=0;
    InstructCompile. OperandType[1]=0;
    /*存储编译的指令*/
    SaveCompileInstruct();
```

```
    PLC_PC+=4;
  }
  break;
  case 3://MPP
  {
    InstructCompile. Instruct=MPP_INSTR;
    InstructCompile. OperandNumber=0;
    InstructCompile. InstructLine=InstructLine;
    InstructCompile. OperandType[0]=0;
    InstructCompile. OperandType[1]=0;
    /*存储编译的指令*/
    SaveCompileInstruct();
    PLC_PC+=4;
  }
  break;
  case 4://ANB
  {
    InstructCompile. Instruct=ANB_INSTR;
    InstructCompile. OperandNumber=0;
    InstructCompile. InstructLine=InstructLine;
    InstructCompile. OperandType[0]=0;
    InstructCompile. OperandType[1]=0;
    /*存储编译的指令*/
    SaveCompileInstruct();
    PLC_PC+=4;
  }
  break;
  case 5://ORB
  {
    InstructCompile. Instruct=ORB_INSTR;
    InstructCompile. OperandNumber=0;
    InstructCompile. InstructLine=InstructLine;
    InstructCompile. OperandType[0]=0;
    InstructCompile. OperandType[1]=0;
    /*存储编译的指令*/
    SaveCompileInstruct();
    PLC_PC+=4;
  }
  break;
  case 6://INV
  {
    InstructCompile. Instruct=INV_INSTR;
    InstructCompile. OperandNumber=0;
    InstructCompile. InstructLine=InstructLine;
    InstructCompile. OperandType[0]=0;
    InstructCompile. OperandType[1]=0;
    /*存储编译的指令*/
    SaveCompileInstruct();
    PLC_PC+=4;
  }
  break;
```

```
case 7://END
{
    InstructCompile. Instruct=END_INSTR;
    InstructCompile. OperandNumber=0;
    InstructCompile. InstructLine=InstructLine;
    InstructCompile. OperandType[0]=0;
    InstructCompile. OperandType[1]=0;
    /*存储编译的指令*/
    SaveCompileInstruct();
    block=0;
    PLC_PC+=4;
}
break;
case 8://SET
{
    PLC_CMD=(PLC_TEMP&(7ul<<19))>>19;
    switch(PLC_CMD)
    {
        case 0://Y
        {
            PLC_CMD=PLC_TEMP&63ul;
            InstructCompile. OperandNumber=1;
InstructCompile. OperandAddr[0]. OperandWordAddr=Y_BASE_ADD+(PLC_CMD/32)*4;
InstructCompile. OperandAddr[0]. OperandBitAddr=PLC_CMD/32;
            InstructCompile. OperandType[0]=REG_Y;
            InstructCompile. OperandType[1]=PLC_CMD;
        }
        break;
        case 1://M
        {
            PLC_CMD=PLC_TEMP&3071ul;
            InstructCompile. OperandNumber=1;
InstructCompile. OperandAddr[0]. OperandWordAddr=M_BASE_ADD+(PLC_CMD/32)*4;
InstructCompile. OperandAddr[0]. OperandBitAddr=PLC_CMD%32;
            InstructCompile. OperandType[0]=REG_M;
            InstructCompile. OperandType[1]=PLC_CMD;
        }
        break;
        case 2://S
        {
            PLC_CMD=PLC_TEMP&255ul;
            InstructCompile. OperandNumber=1;
InstructCompile. OperandAddr[0]. OperandWordAddr=S_BASE_ADD+(PLC_CMD/32)*4;
InstructCompile. OperandAddr[0]. OperandBitAddr=PLC_CMD%32;
            InstructCompile. OperandType[0]=REG_S;
            InstructCompile. OperandType[1]=PLC_CMD;
        }
        break;
    }
    InstructCompile. Instruct=SET_INSTR;
    InstructCompile. InstructLine=InstructLine;
```

```
        / * 存储编译的指令 * /
        SaveCompileInstruct();
        InstructLine++;
        PLC_PC+=4;
    }
    break;case 9://RST
    {
        PLC_CMD=(PLC_TEMP&(7ul<<19))>>19;
        switch(PLC_CMD)
        {
            case 0://Y
            {
                PLC_CMD=PLC_TEMP&63ul;
                InstructCompile. OperandNumber=1;
InstructCompile. OperandAddr[0]. OperandWordAddr=Y_BASE_ADD+(PLC_CMD/32)*4;
InstructCompile. OperandAddr[0]. OperandBitAddr=PLC_CMD%32;
                InstructCompile. OperandType[0]=REG_Y;
                InstructCompile. OperandType[1]=PLC_CMD;
            }
            break;
            case 1://M
            {
                PLC_CMD=PLC_TEMP&3071ul;
                InstructCompile. OperandNumber=1;
InstructCompile. OperandAddr[0]. OperandWordAddr=M_BASE_ADD+(PLC_CMD/32)*4;
InstructCompile. OperandAddr[0]. OperandBitAddr=PLC_CMD%32;
                InstructCompile. OperandType[0]=REG_M;
                InstructCompile. OperandType[1]=PLC_CMD;
            }
            break;
            case 2://S
            {
                PLC_CMD=PLC_TEMP&255ul;
                InstructCompile. OperandNumber=1;
InstructCompile. OperandAddr[0]. OperandWordAddr=S_BASE_ADD+(PLC_CMD/32)*4;
InstructCompile. OperandAddr[0]. OperandBitAddr=PLC_CMD%32;
                InstructCompile. OperandType[0]=REG_S;
                InstructCompile. OperandType[1]=PLC_CMD;
            }
            break;
            case 3://T
            {
                PLC_CMD=PLC_TEMP&255ul;
                InstructCompile. OperandNumber=1;
InstructCompile. OperandAddr[0]. OperandWordAddr=T_BASE_ADD+(PLC_CMD/32)*4;
InstructCompile. OperandAddr[0]. OperandBitAddr=PLC_CMD%32;
                InstructCompile. OperandType[0]=REG_T;
                InstructCompile. OperandType[1]=PLC_CMD;
            }
            break;
```

```
        case 4://C
        {
            PLC_CMD=PLC_TEMP&255ul;
            InstructCompile.OperandNumber=1;
InstructCompile.OperandAddr[0].OperandWordAddr=C_BASE_ADD+(PLC_CMD/32)*4;
InstructCompile.OperandAddr[0].OperandBitAddr=PLC_CMD%32;
            InstructCompile.OperandType[0]=REG_C;
            InstructCompile.OperandType[1]=PLC_CMD;
        }
        break;
        case 5://D
        {
            PLC_CMD=PLC_TEMP&16383ul;
            InstructCompile.OperandNumber=1;
InstructCompile.OperandAddr[0].OperandWordAddr=D_BASE_ADD+PLC_CMD*D_SIZE;
            InstructCompile.OperandAddr[0].OperandBitAddr=PLC_CMD;
            InstructCompile.OperandType[0]=REG_D;
            InstructCompile.OperandType[1]=0;
        }
        break;
        case 6://V
        {
            PLC_CMD=PLC_TEMP&7ul;
            InstructCompile.OperandNumber=1;
InstructCompile.OperandAddr[0].OperandWordAddr=V_BASE_ADD+PLC_CMD*V_SIZE;
            InstructCompile.OperandAddr[0].OperandBitAddr=PLC_CMD;
            InstructCompile.OperandType[0]=REG_V;
            InstructCompile.OperandType[1]=0;
        }
        break;
        case 7://Z
        {
            PLC_CMD=PLC_TEMP&7ul;
            InstructCompile.OperandNumber=1;
InstructCompile.OperandAddr[0].OperandWordAddr=Z_BASE_ADD+PLC_CMD*Z_SIZE;
            InstructCompile.OperandAddr[0].OperandBitAddr=PLC_CMD;
            InstructCompile.OperandType[0]=REG_Z;
            InstructCompile.OperandType[1]=0;
        }
        break;
    }
    InstructCompile.Instruct=RST_INSTR;
    InstructCompile.InstructLine=InstructLine;
    /*存储编译的指令*/
    SaveCompileInstruct();
    InstructLine++;
    PLC_PC+=4;
}
break;
```

3.4.4　主控指令 MC、MCR 的静态编译

主控指令 MC 操作数类型只能是 Y 或者 M 其中一种,如程序行 MC N01 M02,源程序编码为 0x634FF002,操作数个数为 2,操作数 1 类型是 N,编号是 01,代表嵌套层数为 1 层;操作数 2 类型是辅助继电器 M,编号是 02,应用课题组其他成员设计的软元件基址表,可知 M 的基址是 0x20000010,经计算操作数 2 的字地址是 0x20000010,位地址是 02。MC 指令的位地址和字地址的编码格式见表 3-11。数组 OperandType[0] 和 OperandType[1] 的值都被赋予了 0,N 编号赋给了字地址数组 OperandWordAddr[0],位地址数组 OperandBitAddr[0] 的值为 0,M 字地址赋给字地址 OperandWordAddr[1],M 位地址赋给位地址数组 OperandBitAddr[1]。主控指令 MC 的操作码、操作数及编号信息以结构体 InstructCompile 存在 FLASH 中,　此条 MC 指令程序行静态编译后编码为　0x63400000　0x00000002 0x00000014 0x00000000 0x00000000 0x00000001 0x00000000 0x20000010 0x00000002。

表 3-11　MC 指令位地址和字地址的编码格式表

	MC	D31～D0
类型	OperandType[0]	0
	OperandType[1]	0
字地址	OperandWordAddr[0]	N 编号
位地址	OperandBitAddr[0]	0
字地址	OperandWordAddr[1]	Y/M 字地址
位地址	OperandBitAddr[1]	Y/M 位地址

在 PLC 程序中,MC 与 MCR 指令是成对出现的。与 MC N01 M02 主控指令相对应的清除主控指令程序行是 MCR N01。源程序编码为 0x638FFFFF,操作数个数为 1,操作数 1 的 N 级号是 01,MCR 指令的位地址和字地址的编码格式见表 3-12。数组 OperandType[0] 和 OperandType[1] 的值都被赋予了 0,N 编号赋给了字地址数组 OperandWordAddr[0],而位地址数组 OperandBitAddr[0] 同样被赋予 0。清除主控指令 MCR 的操作码、操作数及编号信息以结构体 InstructCompile 存在 FLASH 中,此条 MCR 程序行静态编译后编码为 0x63800000　0x00000001　0x00000016　0x00000000　0x00000000　0x00000001 0x00000000。

表 3-12　MCR 指令位地址和字地址的编码格式表

	MCR	D31～D0
类型	OperandType[0]	0
	OperandType[1]	0
字地址	OperandWordAddr[0]	N 编号
位地址	OperandBitAddr[0]	0

case 13://MC

```
    {
      PLC_CMD=(PLC_TEMP&(1ul<<18))>>1;
      switch(PLC_CMD)
      {
        case 0://Y
        {
          PLC_CMD=(PLC_TEMP&(7ul<<19))>>19;
          InstructCompile. OperandNumber=2;
InstructCompile. OperandAddr[0]. OperandWordAddr=PLC_CMD;//N 编号
          InstructCompile. OperandAddr[0]. OperandBitAddr=0;

          PLC_CMD=PLC_TEMP&63ul;
          InstructCompile. OperandNumber=2;
InstructCompile. OperandAddr[1]. OperandWordAddr=Y_BASE_ADD+(PLC_CMD/32)*4;
InstructCompile. OperandAddr[1]. OperandBitAddr=PLC_CMD%32;
        }
        break;
        case 1://M
        {
          PLC_CMD=(PLC_TEMP&(7ul<<19))>>19;
          InstructCompile. OperandNumber=2;
InstructCompile. OperandAddr[0]. OperandWordAddr=PLC_CMD;//N 编号
          InstructCompile. OperandAddr[0]. OperandBitAddr=0;

          PLC_CMD=PLC_TEMP&63ul;
          InstructCompile. OperandNumber=2;
InstructCompile. OperandAddr[1]. OperandWordAddr=M_BASE_ADD+(PLC_CMD/32)*4;
InstructCompile. OperandAddr[1]. OperandBitAddr=PLC_CMD%32;
        }
        break;
      }
      InstructCompile. Instruct=MC_INSTR;
      InstructCompile. InstructLine=InstructLine;
      InstructCompile. OperandType[0]=0;
      InstructCompile. OperandType[1]=0;
      /*存储编译的指令*/
      SaveCompileInstruct();
      InstructLine++;
      PLC_PC+=4;
    }
    break;
    case 14://MCR
    {
      PLC_CMD=(PLC_TEMP&(7ul<<19))>>19;
      InstructCompile. Instruct=MCR_INSTR;
      InstructCompile. OperandNumber=1;
      InstructCompile. InstructLine=InstructLine;
      InstructCompile. OperandType[0]=0;
      InstructCompile. OperandType[1]=0;
      InstructCompile. OperandAddr[0]. OperandWordAddr=PLC_CMD;
      InstructCompile. OperandAddr[0]. OperandBitAddr=0;
```

```
/ * 存储编译的指令 * /
SaveCompileInstruct();
InstructLine++;
PLC_PC+=4;
}
break;
```

3.5 应用指令的静态编译

新型 PLC 系统的应用指令分为四大类,程序流向控制、数据传输与比较、算术运算和逻辑运算、循环。目前已经实现编译程序流向控制类当中的跳转类指令 CJ,CJ(P),CALL,CALL(P),主程序结束指令 FEND,子程序返回指令 SRET,数据传送指令 MOV,MOV(P),大部分算术运算和逻辑运算指令,以及左、右循环,带进位左、右循环四种循环类指令。

3.5.1 程序流向控制类指令的静态编译

跳转指令包括条件转移指令 CJ 或子程序调用指令 CALL,跳转指令的分支指针 P 主要用来指示条件跳转和子程序调用转移时的入口地址,这个入口地址就是用指针来指示的,入口地址也称为跳转地址。

CJ 指令的 PLC 简单程序指令表截图如图 3-5 所示,实现的 PLC 功能是,当驱动条件 X00 成立时,执行跳转指令 CJ P00,跳转到第三行程序的入口地址,用 P00 标示了,然后执行程序语句 LD X02 OUT Y02,指令结束。当驱动条件 X00 不成立时,顺序执行 LD X01 OUT Y01,直到程序结束。

0	LD	X00	5	P00	
1	OUT	Y00	6	LD	X02
2	CJ	P00	7	OUT	Y02
3	LD	X01	8	END	
4	OUT	Y01	9		

图 3-5 CJ 程序指令表截图

执行 PLC 指令语句 CJ P00 时,源程序编码为 0x7007FF80,跳转地址会存储在 P 标号软元件中,跳转指令位地址和字地址的编码格式见表 3-13,操作数类型数组 OperandType[0] 和 OperandType[1] 以及位地址数组 OperandBitAddr[0] 都赋给值 0,P 编号 00 存入字地址 OperandWordAddr[0]。此时,程序行 CJ P00 的静态编译后编码为 0x70000000 0x00000001 0x0000000A 0x00000000 0x00000000 0x00000000 0x00000000。

表 3-13 跳转指令位地址和字地址的编码格式表

	CJ,CALL,CJ(P),CALL(P)	D31~D0
类型	OperandType[0]	0
	OperandType[1]	0
字地址	OperandWordAddr[0]	P 编号
位地址	OperandBitAddr[0]	0

调用子程序和 CJ 指令不同的是,CJ 指令是在主程序区中进行转移,而调用子程序则是转移到副程序区进行操作,CJ 指令转移后不产生断点,无须再回到 CJ 指令的下一行程序,而调用子程序在完成子程序的运行后,还必须回到调用子程序指令,并从下一行继续往下运行。

子程序调用指令 CALL 和 SRET 是成对使用的,在子程序中,执行到子程序返回指令 SRET 时,立即返回到主程序调用指令的下一行继续往下执行。

CALL 和 SRET 指令的应用举例如图 3－6 所示,当 X0 满足驱动条件时,执行 Y0 任务,同时跳转到第 8 步的位置执行子程序任务 LD X002 OUT Y002,执行完子程序 Y002,再返回到调用子程序位置 CALL P0 位置,继续执行下一条指令 LD X001。

执行 PLC 指令语句 CALL P0 时,源程序编码为 0x7017FF80,跳转地址同样会存储在 P 标号软元件中。操作数类型数组 OperandType[0] 和 OperandType[1] 以及位地址数组 OperandBitAddr[0] 都赋给值 0,P 编号 0 存入字地址 OperandWordAddr[0]。指令 CALL P0 静态编译后编码为 0x70100000 0x00000001 0x00000004 0x00000000 0x00000000 0x00000000 0x00000000。

在图 3－6 的程序中当执行到无操作数的 FEND 指令时,指令源程序编码为 0x706FFFFF,只需要将操作码提取出来并以结构体 InstructCompile 形式存储在 FLASH 中,静态编译后编码为 0x70680000 0x00000000 0x00000006 0x00000000 0x00000000。

图 3－6　CALL 指令程序梯形图

当执行到无操作数 SRET 指令时,SRET 源程序编码为 0x702FFFFF,只需要将操作码提取出来并以结构体 InstructCompile 形式存储在 FLASH 中,静态编译后编码为 0x70280000 0x00000000 0x00000008 0x00000000 0x00000000。

3.5.2　MOV 指令的静态编译

MOV 指令功能是将源数据传送到指定目标,指令格式是 MOV S D,其中 S 代表的是源操作数,D 代表的是目的操作数,源操作数种类比较多,可以是 T/C/D/K/V/Z/$K_n X_n$/ $K_n Y_n$/ $K_n S_n$/ $K_n M_n$ 类型中的任意一种,而目的操作数的种类相对源操作数来说少了 $K_n X_n$ 和 K,拿程序行 MOV K50 D12 举例简述 MOV 指令的静态编译过程,它的执行功能是将 K50 写入

D12,即（D12）= K50，MOV K50 D12 的源程序编码为 0x70C18000 0x00000032 0x20067FFF,操作数 1 为类型 K,编号为 50,操作数 2 类型为数据寄存器 D,编号为 12,应用软元件基址表,可以知道操作数 2 的软元件 D 基地址为 0x200015B0,字地址为 0x200015B0,位地址根据公式:软元件编号%32,计算得 12。表 3-14 所示为 MOV 指令位地址和字地址的编码格式,操作数 1 类型信息存入数组 OperandType[0]中的 D0~D3 位,K 值存入数组 OperandWordAddr[0],操作数 2 数据寄存器 D 类型信息存入数组 OperandType[0]中的 D4~D7 位,操作数 2 字地址信息存储在数组 OperandWordAddr[0]中,位地址为 0,结构体其他数组都赋值 0。此时指令 MOV K50 D12 的操作码及操作数信息完成提取并以结构体 InstructCompile 存在 FLASH 中, 此程序行静态编译后编码为 0x70C00000 0x00000002 0x0000000C 0x00000058 0x00000000 0x00000032 0x00000000 0x20001480 0x00000000。

表 3-14　MOV 指令位地址和字地址的编码格式表

MOV		D31~D0
类型	OperandType[0]	T/C/D/K/V/Z/$K_n Xn$/ $K_n Yn$/ $K_n Sn$/ $K_n Mn$ 类型
	OperandType[1]	0
字地址	OperandWordAddr[0]	T/C/D/K 值/V/Z/$K_n Xn$/ $K_n Yn$/ $K_n Sn$/ $K_n Mn$ 字地址
位地址	OperandBitAddr[0]	$K_n Xn$/ $K_n Yn$/ $K_n Sn$/ $K_n Mn$ 位地址
字地址	OperandWordAddr[1]	N 值
位地址	OperandBitAddr[1]	0

3.5.3　算术运算类指令静态编译

算术运算和逻辑运算类指令包括加、减、乘、除、加一、减一。用 ADD 指令来对这一类指令的静态编译过程进行举例。ADD 的指令格式是 ADD S1 S2,D 功能是将操作数 S1 中的数值与操作数 S2 中的数值进行相加,运算结果存放在操作数 D 中,操作数 S1 和操作数 S2 所带操作数的类型可以是 T/C/D/K/V/Z/$K_n Xn$/ $K_n Yn$/ $K_n Sn$/ $K_n Mn$ 中任意一种,而操作数 D 的类型相对 S1 和 S2 来说少了 $K_n Xn$ 和 K。具体程序行 ADD D0 D1 D2 的静态编译分析,源程序编码为 0x71410003 0x2000FFFF 0x20017FFF,三个操作数类型都为数据寄存器 D,字地址都是 0x200015B0,而位地址全部为 0,ADD 指令的编码格式参照表 3-14,将操作码及操作数信息完成提取并以结构体 InstructCompile 存在 FLASH 中,ADD D0 D1 D2 的静态编译后编码为 0x71400000 0x00000003 0x00000004 0x00000555 0x00000000 0x20001450 0x00000000 0x20001454 0x00000000 0x20001458 0x00000000。

3.5.4　循环移位类指令的静态编译

循环移位类指令包括右循环、左循环、带进位右循环、带进位左循环,用右循环指令 ROR 来对这一类指令的静态编译过程进行举例,右循环指令格式是 ROR D n,其中操作数 D 代表循环右移数据存储字元件地址,且操作数类型可以是 $K_n Yn$/ $K_n Sn$/ $K_n Mn$/T/C/D/V/Z 中任意一种，n 代表循环移动位数（n≤32），实现功能：当驱动条件成立时，D 中的数据向右移动 n 个二进制位，移出 D 的低位数据循环进入 D 的高位。比如 ROR D00 K01，表示将数据寄存器 D00 中的二进制数进行循环右移一位，源程序编码为 0x71F10003 0x07FFFFFF，操作数 1 代表数据寄存器 D，字地址是 0x200015B0，位地址为 0，ROR 指令编码参照表 3 - 14，将操作码及操作数、n 编号信息完成提取并以结构体 InstructCompile 存在 FLASH 中，ROR D00 K01 静态编译后编码为 0x71F00000 0x00000002 0x00000009 0x00000005 0x00000000 0x20001450 0x00000000 0x00000001 0x00000000。

3.6　基本指令和应用指令的动态编译

动态编译实质上就是循环执行 PLC 用户程序，该 PLC 用户程序是经过静态编译后的程序，根据操作码确定每条指令是由 ARM 执行还是 FPGA 完成。无论是 FPGA 循环执行 PLC 基本逻辑运算指令，还是 ARM 执行应用指令，都需要将经过静态编译后的基本逻辑运算指令、ARM 控制命令进行重新编码，生成 FPGA 能识别的“操作码＋操作数逻辑值”形式——ARM_FPGA 编码。动态编译过程 ARM 模块与 FPGA 模块之间会进行相应的信息通信，ARM 每向 FPGA 发送 1 条指令，需要通过中断线通知 FPGA 读取指令，FPGA 每执行完一条指令需要通过另一条中断线告知 ARM，以便 ARM 向 FPGA 发送下一条指令。

1. 基本指令的动态编译

首先，动态编译需要从静态编译的结构体 InstructCompile 中获得相应指令操作码，所带操作数的类型、个数、字地址、位地址信息，并提取出每个操作数对应地址的立即数，最终组成“操作码＋操作数逻辑值”形式的编码，然后通过中断线告知 FPGA 编码完成，等待 FPGA 回复空闲信息，如果 FPGA 处于空闲状态，由 ARM 发送编码给 FPGA 执行。FPGA 每执行完一条指令需要通过另一条中断线告知 ARM，以便 ARM 向 FPGA 发送下一条指令。

（1）带多个操作数指令 LD，LDR，OR，AND

指令 LDR X01 X02 M03 的动态编译过程，需要先获取软元件 X01，X02，M03 的逻辑值，然后通过中断线判断 FPGA 是否处于空闲状态，等到 FPGA 向 ARM 回复空闲状态信息才将操作码和 3 个操作数的逻辑值组成的新编码发送给 FPGA 执行，FPGA 每执行完一条指令需要通过另一条中断线告知 ARM，继续执行下一条指令。假设静态编译结果获取到的软元件 X01，X02，M03 的逻辑值分别是 1，0，1，应用如表 3 - 15 所示的 ARM_FPGA 编码格式，指令行 LDR X01 X02 M03 发送给 FPGA 编码为 0x84000005。LD，OR，AND 动态编译过程与 LDR 相似。

（2）MPS/INV 指令

指令 MPS，INV 不带操作数，动态编译时只需要将操作码从结构体 InstructCompile 中提取出来，然后通过中断线判断 FPGA 是否处于空闲状态，等到 FPGA 向 ARM 回复空闲状态信息才将操作码组成的新编码发送给 FPGA 执行，FPGA 每执行完一条指令需要通过另一条中断线告知 ARM，然后继续执行下一条指令。

表 3 - 15　带操作数与不带操作数指令编码格式

指令名称	指令码编码 (D31－D26)	操作数的立即数(D25－D0)
LD	100000	当操作数个数小于 26 时,剩余位操作位用 1 来填充
LDR	100001	当操作数个数小于 26 时,剩余位操作位用 0 来填充
OR	100010	当操作数个数小于 26 时,剩余位操作位用 0 来填充
AND	100011	当操作数个数小于 26 时,剩余位操作位用 1 来填充
MPS	100101	00000000000000000000000000
ANB	100110	00000000000000000000000000
ORB	100111	00000000000000000000000000
INV	101010	00000000000000000000000000

(3)OUT 指令

输出类指令 OUT 带操作数类型可以是 Y,M,S,C,T。带操作数 Y 时,动态编译时只需要将操作码和操作数逻辑位信息从结构体 InstructCompile 中提取出来,组成新的编码,通过中断线判断 FPGA 是否处于空闲状态,等到 FPGA 向 ARM 回复空闲状态信息才将新编码发给 FPGA 执行,并且从双口 RAM 复制 Y 到 ARM 内存中,然后 FPGA 通过另一条中断线告知 ARM,继续执行下一条指令。带操作数 M/S 时,获取了操作码、操作数以及 FPGA 空闲信息后,将新编码发给 FPGA 执行,然后从双口 RAM 复制逻辑运算结果到 ARM 内存中,并判断逻辑运算值,为 1 则置位 M/S,为 0 清零 M/S,最后通过另一条中断线告知 ARM 该指令执行结束信息,继续执行下一条指令。带操作数 C/T 时执行过程与 M/S 时类似,如指令 OUT T5 K10,应用如表 3 - 16 所示 ARM_FPGA 编码格式,ARM 发给 FPGA 的编码是 0x90C0000A,在 FPGA 执行完指令之后,需要从双口 RAM 分别复制 Y/T/C 到 ARM 内存中。

表 3 - 16　OUT 指令的 ARM_FPGA 编码格式

D31－D26	D25－D23 操作数类型 (Y,T,C,M,S)	D22	D21	D2－D8	D7－D0
100100	000—Y	0			操作数编号
	001—T	0—不强制查询双口 RAM 内定时器或计数器设定值	0		
	010—C	1—强制查询双口 RAM 内定时器或计数器设定值	0—增计数 1—减计数	0	
	011—M	0			
	100—S				
	101~111 保留				

（4）SET 指令

置位指令带操作数 Y 情况与 OUT 指令带操作数 Y 情况相似。带操作数 M/S 时,如执行 OUT M7,获取了操作码、操作数以及 FPGA 空闲信息后,应用 ARM_FPGA 编码格式,如表 3-17 所示。将组成新的编码 0xA0000007 发送给 FPGA 执行,执行结束后从双口 RAM 复制逻辑运算结果到 ARM 内存中,判断逻辑运算值,为 1 则置位 M/S,为 0 不做处理,FPGA 执行完该条指令通过另一条中断线告知 ARM,继续执行下一条指令。

表 3-17　SET 指令的 ARM_FPGA 编码格式

D31—D26	D25—D23 操作数类型（Y,M,S）	D22—D8	D7—D0
101000	000—Y	0	操作数编号
	001—M		
	010—S	0	
	011～111—保留		

（5）RST 指令

复位指令带操作数 Y/T/C 时,如指令 RST T9,应用课题组其他成员设计的 ARM_FPGA 编码格式,如表 3-18 所示,将获取的操作码、操作数组成新的编码 0xA4800009,待通过中断线获取了 FPGA 空闲信息,将新编码发送给 FPGA 执行,指令执行结束后从双口 RAM 分别复制 Y/T/C 到 ARM 内存中,FPGA 执行完该条指令通过另一条中断线告知 ARM,继续执行下一条指令。带操作数 M/S 时,获取了操作码、操作数组成新的编码并通过中断线获取 FPGA 空闲信息后,从双口 RAM 复制逻辑运算结果到 ARM 内存中,判断逻辑运算值,为 1 则清零 M/S,为 0 不做处理,FPGA 执行完该条指令通过另一条中断线告知 ARM,继续执行下一条指令。

表 3-18　RST 指令的 ARM_FPGA 编码格式

D31—D26	D25—D23 操作数类型 （Y,T,C,M,S,D,V,Z）	D22—D8	D7—D0
101001	000—Y	0	操作数编号
	001—T		
	010—C		
	011—M		
	100—S		
	101—D	0	
	110—V		
	111—Z		

（6）END 指令

检测操作码为结束指令时，ARM 需要发送刷新输入映像区指令，待通过中断线获取 FPGA 空闲信息后，从双口 RAM 复制 X 到 ARM 内存中，然后 ARM 发送刷新输出映像区指令告知 FPGA，等到 FPGA 回复空闲信息，继续执行下一轮循环。

2. 应用指令的动态编译

条件跳转指令 CJ，传送类指令 MOV 和算术运算指令 ADD，SUB，MUL，DIV，逻辑运算指令 WAND，WOR，WXOR，循环移位指令 ROR，ROL 等应用指令都是由 ARM 执行的，流程图如图 3-7 所示。

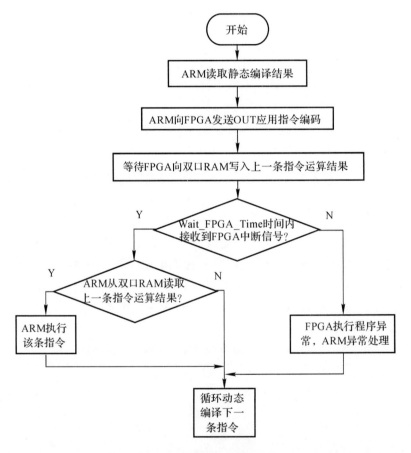

图 3-7 ARM 执行应用指令流程图

ARM 读取完静态编译结果，为了获取 FPGA 执行语句的运算结果，ARM 会向 FPGA 发送一条 OUT 应用指令编码 0x12700000，然后 FPGA 会将上一条指令的运算结果发送到双口 RAM 中，ARM 成功接收 FPGA 发送的中断信号，从双口 RAM 中读取上一条指令的运算结果，如果运算结果为 1，则 ARM 执行此条指令，如果运算结果为 0，则 ARM 循环动态编译执行下一条指令。如果在设置 Wait_FPGA_Time 时间内 ARM 未能成功接收到由 FPGA 发过来的中断信号，则说明 FPGA 执行指令出现异常，ARM 将会进行异常处理。

（1）ARM 执行条件跳转指令 CJ 过程

如图 3-8 带 CJ 指令的 PLC 语句表截图所示，执行完语句 LD X00，ARM 向 FPGA 发送一条 OUT 应用指令编码信息 0x12700000,获取 FPGA 执行 LD 语句的运算结果并存储在数组 result[0]中,FPGA 将运算结果发送到双口 RAM 中,同时 FPGA 通过中断信号线将完成传输运算结果的标志位置 1,ARM 开始读取 FPGA 执行当前 LD 指令的运算结果,判断驱动条件 X00 是否成立,如果软元件 X00 状态为 1 时,则 ARM 开始执行 CJ 指令,跳转地址在第 4 行,接着 ARM 跳转将第 4 行的逻辑指令 OUT Y001 发送给 FPGA 执行。如果软元件 X00 状态为 0 时,则 ARM 不执行 CJ 指令,将 OUT Y000 指令发送给 FPGA 执行。

0	LD	X00	5	P00	
1	OUT	Y00	6	LD	X02
2	CJ	P00	7	OUT	Y02
3	LD	X01	8	END	
4	OUT	Y01	9		

图 3-8　CJ 程序指令表截图

(2)ARM 执行数据传送指令 MOV 过程

实现数据传送功能的简单 PLC 程序如图 3-9 所示,ARM 读取 MOV K50 D12 静态编译结果之后,ARM 向 FPGA 发送 OUT 应用指令编码 0x12700000,等待 FPGA 向双口 RAM 写入 LD X00 指令运算结果,如果该运算结果为 1,则 ARM 执行该 MOV 指令,就是将 K50 写入 D12,即(D12)=K50,如果 LD X00 的运算结果为 0,则 ARM 将下一条指令 LD X011 发送给 FPGA 执行。

0	LD	X00	
1	OUT	Y00	
2	MOV	K50	D12
3	LD	X011	
4	OUT	T20	D12
5	LD	T20	
6	OUT	Y01	
7	END		

图 3-9　MOV 指令语句表截图

(3)ARM 执行算术运算指令 ADD 过程

实现算术运算指令 ADD 的简单 PLC 程序如图 3-10 所示,前面三行程序功能是对数据寄存器 D00 赋值 100,即是将 100 转换成十六进制 0x00000064,再赋给 D00,对数据寄存器 D01 赋值 50,即是将 50 转换成十六进制 0x00000032,再赋给 D01。在 ARM 读取 ADD D00 D01 D02 静态编译结果之后,ARM 向 FPGA 发送 OUT 应用指令编码 0x12700000,等待 FPGA 向双口 RAM 写入 LD X00 指令运算结果,如果该运算结果为 1,则 ARM 执行该 ADD 指令,就是将 100 与 50 的数进行相加,结果放在数据寄存器 D02。如果 LD X00 的运算结果为 0,则 ARM 将下一条指令 LD M3056 发送给 FPGA 执行。

0	LD	M001		
1	MOV	K-100	D00	
2	MOV	K50	D01	
3	LD	X00		
4	ADD	D00	D01	D02
5	LD	M3056		
6	OUT	Y00		
7	LD	M3057		
8	OUT	Y01		
9	LD	M3058		
10	OUT	Y02		
11	END			

图 3-10 ADD 指令语句表截图

实现循环右移指令 ROR 的简单 PLC 程序如图 3-11 所示,前面两行程序功能是对数据寄存器 D00 赋值 1,即是将 1 转换成十六进制 0x00000001,再赋给 D00,在 ARM 读取 ROR 静态编译结果之后,ARM 向 FPGA 发送 OUT 应用指令编码 0x12700000,等待 FPGA 向双口 RAM 写入 LD X00 指令运算结果,如果该运算结果为 1,则 ARM 执行该 ROR 指令,是将数据寄存器 D00 进行右移一位。如果 LD X00 的运算结果为 0,则 ARM 将下一条指令 LD M3058 发送给 FPGA 执行。

0	LD	X00	
1	MOV	K01	D00
2	LD	X01	
3	ROR	D00	K01
4	LD	M3058	
5	OUT	Y07	
6	END		

图 3-11 ROR 指令语句表截图

3. 系统控制命令编码

ARM 将 PLC 指令按照 ARM_FPGA 指令格式编码后,写入双口 RAM 的指令区,ARM 向 FPGA 发送刷新输入映像区命令,FPGA 接收到此命令后,FPGA 从输入端口读取开关状态,并把输入端口状态写入双口 RAM 中,然后根据静态编译后的 PLC 程序向 FPGA 发送相应的指令,最后 ARM 向 FPGA 发送刷新输出映像区命令,对软元件 Y 操作,且软元件 Y 发生变化时,FPGA 把输出寄存器相应位更新的同时,也需要把双口 RAM 中软元件 Y 状态区更新,以便 ARM 读取软元件 Y 的实在状态。

当程序运行时,定时器或计数器中的设定值可能会发生变化,比如 OUT T20 D23,此时需要重新配置定时器或计数器的设定值。以告知 FPGA 重新读取双口 RAM 中相应定时器或计数器的设定值,然后重新对 FPGA 内部相应的定时器或计数器进行设定。

ARM 和 FPGA 之间的动态编译系统的主要调用 DynamicCompile. h,包括读取软元件状态、获取位软元件编号、PLC 运行几个函数。ARM 和 FPGA 之间的详细的通信接口会在第 4 章详细介绍。

动态编译头文件代码:

```
//读取软元件的类型
#define    PLC_ReadOperandType(i)
    ((InstructManage. OperandType[(InstructManage. OperandNumber－1)/8]\&(15ul<<((i%8) *
OPERANDTYPESIZE)))>>((i%8) * OPERANDTYPESIZE))
    //读取软元件状态
#define PLC_ReadBit(a)
    ((( * (uint32_t * )(InstructManage. OperandAddr[a]. OperandWordAddr))\
    &(1ul<<InstructManage. OperandAddr[a]. OperandBitAddr))\>>InstructManage. OperandAddr
[a]. OperandBitAddr)
    //获取位软元件编号
#define GetComponentNumber(bitadd,wordadd,baseadd)        ((wordadd－baseadd) * 8＋bitadd)
    void PLC_Run(void);
```

第4章 CL型PLC主机结构

4.1 CL型PLC主机硬件平台

　　PLC主机硬件分为ARM模块硬件与FPGA模块硬件两部分,包括复位电路、晶振电路、JTAG接口电路、电源电路、ARM模块外部连接的CAN和串口通信电路、FPGA模块的输入输出电路,以及ARM和FPGA之间由数据线、地址线及信号线构成的接口电路。

　　PLC系统的硬件总体框图如图4-1所示。

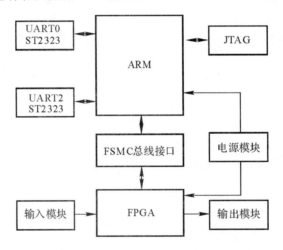

图4-1　CL型PLC主机结构

　　其中,ARM模块采用的是32位Cortex-M4内核STM32F4处理器芯片,负责先对存储于FLASH中的全部PLC源用户程序进行静态编译(预处理),包括将PLC用户源程序中的位软元件编译成字地址＋位地址的形式、字软元件编译成字地址的形式,并进行存储,以及提取PLC用户程序的定时器和计数器的初始值设定值对FPGA中定时器和计数器模块进行配置,向FPGA发送中断信息,然后对经静态编译后的如CJ,CALL,MC,SRET等这一类会让程序流向发生改变的指令进行动态编译。FPGA模块采用的是EP4CE10F17C8N处理器芯片,负责对经ARM静态编译后并由FSMC总线传送过来的逻辑运算和数据运算类指令进行并行运算。

4.1.1　ARM引脚分配

　　PLC主机引脚分配包括外部通信模块引脚分配、输入输出模块引脚分配和ARM_FPGA接口引脚分配三部分。

　　(1)外部通信模块引脚分配

CAN 总线和串口共同组成外部通信模块。引脚分配图如图 4-2 所示,CAN 收发器 TJA1050 对信号接收端和发送端分别与 STM32F4 的 PA12 与 PA11 引脚相连。串口 1 对信号接收端和发送端分别与 STM32F4 的 PA0,PA1 引脚相连。

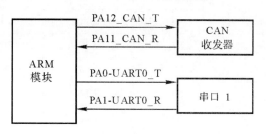

图 4-2　外部通信模块引脚分配图

(2)输入输出模块引脚分配

为了应用 FPGA 高速处理数据特点,PLC 主机的输入输出模块设计在 FPGA 芯片中, FPGA 芯片的输入输出端口引脚分配见表 4-1。AIN1~AIN8 为 8 路的 AD 输入端口,内部接 ARM 处理器,其他的输入输出端口都是接 FPGA 处理器。

表 4-1　输入输出模块引脚分配表

输入端	引脚	输出端	引脚	输入端	引脚	输出端	引脚
X0	A3	Y0	A14	X16	M6	Y16	F10
X1	A2	Y1	B16	X17	N6	Y17	K11
X2	D6	Y2	A15	X18	L7	Y18	C15
X3	D5	Y3	C16	X19	M2	Y19	G16
X4	D3	Y4	D15	X20	P1	Y20	j11
X5	E5	Y5	D16	X21	R1	Y21	K12
X6	B1	Y6	E16	X22	R3	Y22	J12
X7	D1	Y7	F15	X23	F5	Y23	J13
X8	F1	Y8	F6	AIN1	PA2	Y24	J14
X9	G1	Y9	F16	AIN2	PC3	Y25	L12
X10	J2	Y10	G15	AIN3	PC2	Y26	J15
X11	K2	Y11	D12	AIN4	PC1	Y27	L13
X12	K8	Y12	C14	AIN5	PF10	Y28	K15
X13	K6	Y13	G11	AIN6	PF8	Y29	k16
X14	L4	Y14	F11	AIN7	PF9	Y30	l15
X15	N3	Y15	K10	AIN8	PF4	Y31	L16

(3)ARM_FPGA 接口引脚分配

ARM_FPGA 的对接通过 FSMC 总线来实现。FSMC 的地址线 A[25:16]共 10 根,数据线 DB[15:0]共 16 根,见表 4-2。

表 4-2　ARM 与 FPGA 接口的引脚分配表

FSMC 总线	ARM 接口	FPGA 引脚	FSMC 总线	ARM 接口	FPGA 引脚
NWAIT	PD6	A8	DB0	PD14	A4
FSMC_CLK	PD3	B7	DB1	PD15	B4
NADV	PB6	A10	DB2	PD0	B6
WR	PD5	B8	DB3	PD1	A6
RD	PD4	A7	DB4	PE7	D11
CS0	PD7	C8	DB5	PE8	C11
A16	PD11	C6	DB6	PE9	D9
A17	PD12	A5	DB7	PE10	C9
A18	PD13	B5	DB8	PD11	E9
A19	PE3	A11	DB9	PE12	F8
A20	PE4	B11	DB10	PE13	E9
A21	PE5	A12	DB11	PE14	F8
A22	PE6	B12	DB12	PE15	E8
A23	PE2	B10	DB13	PD8	D8
A24	PG13	A9	DB14	PD9	F7
A25	PG14	B9	DB15	PD10	E7

4.2　ARM_FPGA 双口 RAM 结构

FPGA 与 ARM 之间的数据交换需要存放 PLC 运行中的各类信息,由于两个端口需要同时对存储器进行访问,因此选用控制双口 RAM 来实现。设计的双口 RAM 是一个具有两个读写端口的存储器,两个端口具有完全独立的数据总线、地址总线和控制总线,并允许两个端口同时对存储器进行访问,其最大的特点是对数据的存储共享。双口 RAM 用于提高 RAM 的吞吐率,适用于实时的数据缓存。

该双端口 RAM 与微处理器和 FPGA 总控制器连接示意图如图 4-3 所示。双口 RAM 的一个端口称为 a 端口,另一个端口称为 b 端口。b 端口的数据为 16 位可以与 STM32 的 FSMC 总线直接连接,a 端口的数据为 16 位可与 FPGA 内部的存储读写控制模块的数据总线连接。对于 a 端口,双口 RAM 的存储容量为 2KB×16,地址总线为 A0～A9;对于 b 端口,存储容量为 2KB×16,地址总线为 A16～A25。STM32 通过 b 端口对数据的读写操作,操作代码为

#define fpga_write(offset,data) * ((volatile unsigned short int *)(0x60000000 + (offset<<17)))=data　//ARM 向 FPGA 写数据

#define fpga_read(offset) * ((volatile unsigned short int *)(0x60000000＋(offset<<
17)))　//ARM 从 FPGA 读数据

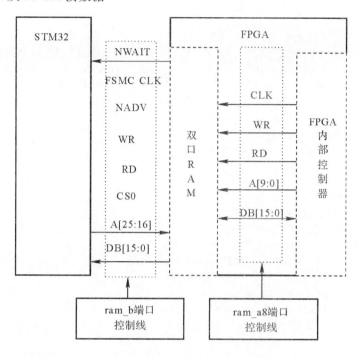

图 4 - 3　ARM_FPGA 双 RAM 结构

4.3　PLC 各存储区的数据配置

PLC 的数据配置操作总是伴随 PLC 系统的执行而进行的。PLC 的数据配置主要分为对 ARM 片内 FLASH 存储空间的数据配置、对 ARM 片内 RAM 存储空间的数据配置和对 FPGA 的数据配置。

PLC 各存储区存储地址分配在 DataConfig. h 文件中定义如下：

```
/ * 系统程序存储区 256KB　0x000000000－0x0003FFFF * /
/ * PLC 源程序存储区 96KB * /
#define PLC_PROG_HAEDSIZE             4
#define PLC_PROG_START_ADD            0x00040000＋PLC_PROG_HAEDSIZE
#define PLC_PROG_END_ADD              0x00057FFF
/ * 静态编译配置存储区 32KB * /
#define STATIC_CONFIG_START_ADD       0x00058000
#define STATIC_CONFIG_END_ADD         0x0005FFFF
/ * PLC 静态编译后的程序存储区 128KB * /
#define PLC_COMPILE_SRC_START_ADD     0x00060000
#define PLC_COMPILE_SRC_END_ADD       0x0007FFFF
/ * PLC 寄存器地址分配 16KB * /
#define PLC_R_START_ADD               0x20000000
#define PLC_R_END_ADD                 0x20003FFF
```

```
/ * PLC 程序缓存空间 16KB * /
# define PLC_PROG_BUF_START_ADD          0x20004000
# define PLC_PROG_BUF_END_ADD            0x20007FFF


/ * 定时器计数器初始配置表 * /
# define T_STATIC_CONFIG_ADD             PLC_PROG_BUF_START_ADD+INSTRUCTBUFSIZE * 4
# define C_STATIC_CONFIG_ADD             T_STATIC_CONFIG_ADD+(65+256) * 4
# define T_C_STATIC_CONFIG_END           C_STATIC_CONFIG_ADD+(65+256) * 4-1


# if (CONNECTDEVICE= =FPGA_DEVICE)
/ * 双口 RAM 空间分配 * /
# define DRAM_X_SIZE                     2 * 4
# define DRAM_Y_SIZE                     2 * 4
# define DRAM_LOGIC_RESULT_SIZE          2 * 4
# define DRAM_TIMER_RESULT_SIZE          8 * 4
# define DRAM_COUNTER_RESULT_SIZE        8 * 4
# define DRAM_TIMER_SETVAL_SIZE          256 * 4
# define DRAM_COUNTER_SETVAL_SIZE        256 * 4
# define DRAM_TIMER_CURVAL_SIZE          256 * 4
# define DRAM_COUNTER_CURVAL_SIZE        256 * 4
# define DRAM_TIMER_INDEX_SIZE           65 * 4
# define DRAM_COUNTER_INDEX_SIZE         65 * 4
# define DRAM_INSTR_REGIN_SIZE           16 * 4


# define DRAM_BASE                       PLC_PROG_BUF_START_ADD
# define DRAM_X_STATUS_BASE              DRAM_BASE
# define DRAM_Y_STATUS_BASE              DRAM_X_STATUS_BASE+DRAM_X_SIZE
# define DRAM_LOGIC_RESULT_BASE          DRAM_Y_STATUS_BASE+DRAM_Y_SIZE
# define DRAM_TIMER_RESULT_BASE          DRAM_LOGIC_RESULT_BASE+\
                                         DRAM_LOGIC_RESULT_SIZE
# define DRAM_COUNTER_RESULT_BASE        DRAM_TIMER_RESULT_BASE+\
                                         DRAM_TIMER_RESULT_SIZE
# define DRAM_TIMER_INDEX_BASE           DRAM_COUNTER_RESULT_BASE+\
                                         DRAM_COUNTER_RESULT_SIZE
# define DRAM_TIMER_SETVAL_BASE          DRAM_TIMER_INDEX_BASE+\
                                         DRAM_TIMER_INDEX_SIZE
# define DRAM_TIMER_CURVAL_BASE          DRAM_TIMER_SETVAL_BASE+\
                                         DRAM_TIMER_SETVAL_SIZE
# define DRAM_COUNTER_INDEX_BASE         DRAM_TIMER_CURVAL_BASE+\
                                         DRAM_TIMER_CURVAL_SIZE
# define DRAM_COUNTER_SETVAL_BASE        DRAM_COUNTER_INDEX_BASE+\
                                         DRAM_COUNTER_INDEX_SIZE
# define DRAM_COUNTER_CURVAL_BASE        DRAM_COUNTER_SETVAL_BASE+\
                                         DRAM_COUNTER_SETVAL_SIZE
# define DRAM_INSTR_REGIN_BASE           DRAM_COUNTER_CURVAL_BASE+\
                                         DRAM_COUNTER_CURVAL_SIZE
```

4.3.1　ARM 片内 FLASH 数据操作

ARM 的 FLASH 空间只能直接读取数据,而不能直接对其进行写入操作,当需要在 FLASH 存储区存储数据时,可以使用 IAP 命令,通过 IAP 的方式执行 FLASH 写入操作。

STM32F4 中 IAP 命令是以扇区为单元进行操作的,同时还要制定扇区号。在使用 IAP 命令时,应使寄存器 R0 指向存储有 IAP 命令和扇区参数的 RAM 内存区域,R1 指向存储返回值的 RAM 内存区域,通过传递存储器 R0 和 R1 中的指针值,调用 IAP 命令后,返回值会存储在寄存器 R1 所指向的 RAM 内存区域。因此,需要在 IAP 程序中定义 IAP 命令的入口地址,即 Boot ROM 中 IAP 命令程序的地址,然后通过 IAP_EXECUTE_CMD 及其相应的参数来执行相应的 IAP 命令。在执行 IAP_EXECUTE_CMD 时,其参数指针 a 在 CPU 中存储在 R0 中,而返回值参数指针 b 会存储在 CPU 寄存器 R1 中,通过读取 R1 指针指向的值即可获取返回值。程序为

　＃define IAP_ROM_LOCATION0　x1FFF1FF1UL

　＃define IAP_EXECUTE_CMD(a,b)((void(＊)())(IAP_ROM_LOCATION))(a,b)

FLASH 的 IAP 编程过程为先准备要进行写的扇区,然后擦除扇区,最后将 RAM 的内容复制到 FLASH 中。IAP 的准备写操作扇区命令及擦除扇区命令只能以扇区为单位进行操作,在 LPC1788 的 FLASH 中不同的扇区存储空间大小也是不一样的。而将 RAM 内容复制到 FLASH 命令则只可以以 256,512,1 024,4 096 字节方式操作。

(1)PLC 用户源程序存储区域的配置

PLC 用户源程序存储区用于存储上位机软件或手持编程器编写的 PLC 用户源程序,可以通过串口和 CAN 总线下载 PLC 用户源程序,在串口和 CAN 总线的通信中调用 IAP 程序即可完成下载。在 PLC 用户源程序存储区中,用户程序存储区的第一个字用来存储 PLC 源程序的大小,从第二个字开始存储 PLC 用户源程序。PLC 用户源程序存储区的地址范围为 0x00040000～0x00057FFF,共有 96KB 的空间。

(2)PLC 静态编译程序存储区域的配置

静态编译后的 PLC 程序需存储在 PLC 静态编译程序存储区,PLC 静态编译程序存储区大小为 128KB。目前规定一个 PLC 指令最多存储 16 个操作数,而在实际的 PLC 程序中指令所带的操作数不是固定的,因此需要设计一种适合这种静态编译后的可变长指令的存储方式与方法。

静态编译中 PLC 程序存储区域的配置流程如图 4 - 4 所示。

(3)PLC 静态配置数据存储区域的配置

PLC 静态配置数据存储区的大小为 32KB,分配的 FLASH 存储器地址为 0x00058000～0x0005FFFF。PLC 在静态编译中会从 PLC 用户源程序中提取一些数据,用于对 ARM 中部分软元件进行数据配置,以及对 FPGA 定时器和计数器模块初始化配置。在 PLC 源程序没有改变的情况下,为了避免每次开机都要进行静态编译以提取配置数据,需要把提取的配置数据也存储在 FLASH 中,下次 PLC 开机无需重新静态编译,只需读取 PLC 静态配置数据存储区即可获取配置数据。静态编译配置数据主要有跳转类指令的跳转地址、定时器和计数器的初始设定值。

在静态编译中需要计算跳转类指令的跳转地址,以确定在动态编译中 PLC 跳转类指令要跳转的位置。跳转类指令有跳转指令 CJ 和函数调用指令 CALL。在 PLC 中跳转类指令的跳转地址会存储在 P 标号软元件中,比如当执行 CJ P10 或者 CALL P10 这样的指令时,会从相应的 P 标号软元件中获取要跳转到的地址,然后进行跳转。P 软元件为字软元件,共有 128 个。在设计的 PLC 中,128 个 P 软元件的存储区域是连续的,占用 512B 的 RAM 空间,因此

在静态编译时,可以先把计算出的转移地址存储在相应的 P 软元件中,然后利用 IAP 程序,以 512B 的方式写入 PLC 静态配置数据存储区的 P 标号存储区位置。由于定时器与计数器的设定值寄存器不连续,所以在静态编译中先把定时器和计数器的配置数据存储在从 PLC 程序缓冲区中设定的一段缓冲空间,静态编译完成后,再把缓冲空间的定时器和计数器的数据复制到 PLC 静态配置数据存储区的计数器和定时器设定值存储区位置。当动态编译初始化时,重新把 PLC 静态配置数据存储区的配置数据配置到 ARM 内部的 P 软元件,以及定时器和计数器设定值寄存器中,然后对 FPGA 的定时器和计数器模块进行初始化配置。

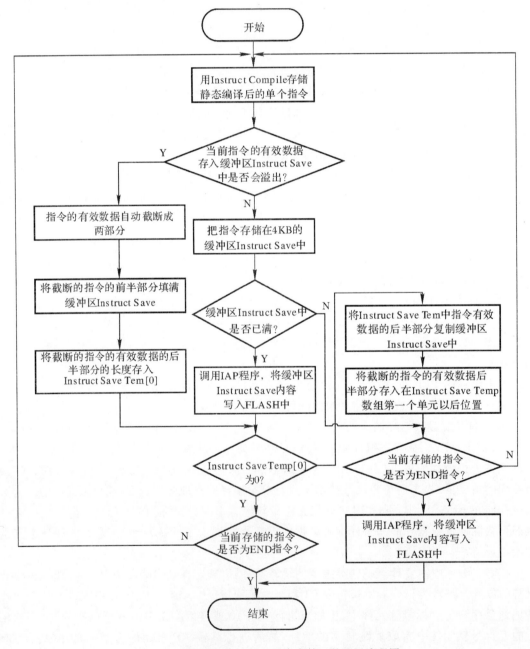

图 4-4 静态编译中 PLC 程序存储区的配置流程图

跳转类指令的跳转地址的计算方式如下,当遇到指令前有 P 标号时,首先计算出该 P 标号在 ARM 中 RAM 存储器中的地址,最后根据程序已经存储到 FLASH 中的块数(扇区数)、各块的大小,以及该 P 标号下一个指令所在指令缓冲区中的位置,即可计算出跳转地址。计算及向 P 软元件中存入转移地址的代码为

PLC_RAM32(P_BASE_ADD＋PLC_CMD＊(P_WIDTH/8))＝PLC_COMPILE_SRC_START_ADD＋block＊4096＋InstructMeasure＊4;

PLC_RAM32 表示以 32 位形式写入 RAM 中,在 dataconfig. h 中定义:

♯define PLC_RAM32(x)　　　　　(＊(uint32_t＊)(uint32_t)(x))

P_BASE_ADD 为 P 软元件基址,PLC_CMD 内存储的为 P 软元件编号,P_WIDTH 为 P 软元件位宽,PLC_COMPILE_SRC_START_ADD 为 PLC 静态编译后程序存储的起始地址,block 为静态编译后的程序存储已占用的 FLASH 中的块数,4096 代表每个块大小为 4 096字节,InstructMeasure 代表指令缓冲区的当前位置。

在设计的 PLC 中定时器和计数器各有 256 个,而在实际的 PLC 用户源程序中,不同的应用所用到的定时器和计数器的个数是不一定的,因此要设计一种数据格式便于定时器和计数器配置数据的存储和管理。在 ARM 设计的定时器和计数器的格式,包括三部分内容,需配置的定时器或计数器个数,需配置的定时器或计数器的编号,需配置的定时器或计数器的设定值。其格式用一个结构体类型 T_C_IndexTableTypeDef 定义:

```
typedef struct{
    uint32_t Number;
    uint8_t Index[256];
    uint32_t Table[256];
} T_C_IndexTableTypeDef;
```

其中,Number 用来存储需配置的定时器或计数器的个数,Index 数组用来存储需配置的定时器或计数器的编号,Table 数组用来存储需配置的定时器或计数器的设定值。分别定义了 T_C_IndexTableTypeDef 类型的定时器和计数器配置数据缓冲空间,此空间位于 PLC 程序缓冲区,定义如下:

T_C_IndexTableTypeDef＊T_IndexTable＝(T_C_IndexTableTypeDef＊)(T_STATIC_CONFIG_ADD);

T_C_IndexTableTypeDef＊C_IndexTable＝(T_C_IndexTableTypeDef＊)(C_STATIC_CONFIG_ADD);

T_IndexTable 表示定时器配置数据缓冲区,是指向定时器配置数据缓冲区的指针,C_IndexTable 表示计数器配置数据缓冲区,是指向计数器配置数据缓冲区的指针,两个缓冲区是连续的,便于利用 IAP 存储到 FLASH 中。在存储中遇到 OUT T10 K32 或 OUT C10 K32 这样的指令时,就需要把定时器或计数器编号和常量值 K 存入定时器或计数器配置数据缓冲区中。

存储定时器配置数据到缓冲区:T_IndexTable－＞Index[T_IndexTable－＞Number]＝InstructCompile. OperandType[1];//T 编号

T_IndexTable－＞Table[T_IndexTable－＞Number]＝InstructCompile. OperandAddr[1]. OperandWordAddr;//K 数据

T_IndexTable—>Number++;

存储计数器配置数据到缓冲区:C_IndexTable—>Index[C_IndexTable—>Number]=InstructCompile.OperandType[1];//C 编号

C_IndexTable—>Table[C_IndexTable—>Number]=InstructCompile.OperandAddr[1].OperandWordAddr;//K 数据

C_IndexTable—>Number++;

在静态编译后的程序存入 FLASH 以后,就通过 CopyStaticComplieConfig()函数把跳转类指令的跳转地址(P 软元件数据),以及定时器和计数器配置数据写入 PLC 静态配置数据存储区中。

4.3.2　ARM 片内 RAM 存储空间数据配置

ARM 片内 RAM 存储空间的数据配置主要分为系统数据存储区的配置和软元件存储区的配置。

系统数据存储区主要用来分配 PLC 系统中的全局变量和局部变量的存储空间,以及动态申请的内存空间等,这些由编译器来确定,其存储区范围可在编写的程序 IED 软件 keil 中来设定,IRAM 的 Start 文本框要填写 0x10000000,代表起始地址,Size 文本框要填写 0x10000,代表该存储区大小为 96KB。

软元件存储区中的一些软元件需要在静态编译后对其进行初始化,这一部分的数据配置是对 RAM 区的静态数据配置。P 软元件存储的是跳转类指令的转移地址,这需要在静态编译后,读取 FLASH 数据配置存储区中的 P 软元件配置数据,然后对 P 软元件进行初始化配置,以便在动态编译时,跳转类指令能够正确地进行跳转。定时器和计数器的初始设定值也需要读取 FLASH 数据配置存储区中的定时器和计数器配置数据,对定时器和计数器的设定值寄存器进行初始化配置。

另一些软元件需要在动态编译中由程序的执行情况而定,这种数据配置是对 RAM 区的动态数据配置。RAM 区静态数据配置发生在静态编译中或 PLC 上电运行时,对 RAM 相应区域进行初始化配置,这种配置只进行一次。而 RAM 中的动态数据配置,发生在 PLC 指令的执行阶段,根据指令的执行情况,改变相应的 RAM 区域数据,是不断进行的。

软元件程序应用源文件代码,实现软元件的状态的写入和读出:

```
/ * * * * * * * * * * * * * * * * * * * * * * * * * * * * * * * * * * * *
* 功能:获取软元件状态(X,Y,T,C,M,S)
* 参数 1:component_type——软元件类型
* 参数 2:component_num——软元件编号
* 返回值:0/1
* * * * * * * * * * * * * * * * * * * * * * * * * * * * * * * * * * * */
unsigned int GetSoftComponentStat(Component_Type_T component_type,unsigned int component_num)
{
    return PLC_Read_Component_Bit(component_type,component_num);
}
/ * * * * * * * * * * * * * * * * * * * * * * * * * * * * * * * * * * *
* 功能:修改软元件状态(X,Y,T,C,M,S)
* 参数 1:component_type——软元件类型
```

* 参数 2:component_num——软元件编号
* 参数 3:set_value——软元件设定值(0/1)
* 返回值:无
* */
void SetSoftComponentStat(Component_Type_T component_type, unsigned int component_num, char setvalue)
{
    PLC_Set_Component_Bit(component_type,component_num,setvalue);
}

/* *
* 功能:获取 T/C 设定值
* 参数 1:component_type——软元件类型(只能为 type_t\type_c)
* 参数 2:component_num——软元件编号
* 返回值:T/C 当前值
* */
unsigned int Get_T_C_SetValue(Component_Type_T t_c_component_type, unsigned int component_num)
{
    PLC_Get_T_C_SetValue(t_c_component_type,component_num);
}
/* *
* 功能:获取 T/C 当前值
* 参数 1:component_type——软元件类型(只能为 type_t\type_c)
* 参数 2:component_num——软元件编号
* 返回值:T/C 设定值
* */
unsigned int Get_T_C_CurValue(Component_Type_T t_c_component_type, unsigned int component_num)
{
    PLC_Get_T_C_CurValue(t_c_component_type,component_num);
}
/* *
* 功能:修改 T/C 设定值
* 参数 1:component_type——软元件类型(只能为 type_t\type_c)
* 参数 2:component_num——软元件编号
* 参数 3:set_value——软元件设定值
* 返回值:无
* */
void Set_T_C_SetValue(Component_Type_T t_c_component_type, unsigned int component_num, unsigned int setvalue)
{
    PLC_Set_T_C_SetValue(t_c_component_type,component_num,setvalue);
}

RAM 数据操作的相关源代码:
/* 数据从存储器读取方式 */
#define PLC_RAM8(x)   (*(uint8_t *)(uint32_t)(x))   //字节方式
#define PLC_RAM16(x)   (*(uint16_t *)(uint32_t)(x)) //半字方式
#define PLC_RAM32(x)   (*(uint32_t *)(uint32_t)(x)) //字方式
#define PLC_RAM64(x)   (*(uint64_t *)(uint32_t)(x))//双字方式

```
#define    PLC_Read_Component_Bit(type_base,num)
           ((PLC_RAM32(type_base+((num)/32)*4) & (1ul<<(num%32)))>>(num)%32)
#define    PLC_Component_Bit_ON(type_base,num)
           (PLC_RAM32(type_base+((num)/32)*4) |= (1ul<<(num%32)))
#define PLC_Component_Bit_OFF(type_base,num)
           (PLC_RAM32(type_base+((num)/32)*4) &= (~(1ul<<(num%32))))
#define    PLC_Set_Component_Bit(type_base,num,set_value)
           do{if(setvalue) PLC_Component_Bit_ON(type_base,num);
           else PLC_Component_Bit_OFF(type_base,num);}while(0)
```

4.3.3 ARM 对 FPGA 的数据配置

为了满足 ARM 对 FPGA 并行数据配置的需要,提升 FPGA 所设计的中央控制器及其控制的各定时器、计数器、输入输出、逻辑运算等功能模块并行运行的效率,在 FPGA 内部设计了双口 RAM,充当 ARM 与 FPGA 间数据传输的高速缓存空间。为了满足 FPGA 设计需要,以及 ARM 与 FPGA 间传送的数据有序,保证各类数据的功能明确,分配了 FPGA 内双口 RAM 存储空间,划分了不同存储空间的功能区域。

图 4-5 FPGA 内双口 RAM 存储区分配

FPGA 内部双口 RAM 的存储空间分配情况如图 4-5 所示。FPGA 内部设计的双口

RAM 是 16 位的存储器,其存储空间大小为 1K×16 bit,每个地址代表一个 16 位存储单元。

地址 0x0000～0x0001 表示软元件 X 状态区,大小为 2 个字,用来存储 FPGA 输入模块采集到的 64 个位软元件 X 值,以供 ARM 读取,从低地址到高地址,从低位到高位分别存储的位信息分别为 X0～X63。地址 0x0002～0x0003 表示软元件 Y 状态区,用来存储 ARM 传输给 FPGA 的 64 个位软元件 Y 值,以供 FPGA 输出,从低地址到高地址,从低位到高位分别存储的位信息分别为 Y0～Y63。地址 0x0004～0x0005 表示逻辑运算结果区,用来存储 FPGA 逻辑运算的结果,以供 ARM 读取。

地址 0x0006～0x000D 和 0x000E～0x0015 分别为定时器和计数器结果区,用来存储定时器定时和计数器的结束标志,以判定定时器和计数器是否完成定时或计数操作。由于共有 256 个定时器和 256 个计数器,所以定时器和计数器各需要 256 位,即各需 8 个字来存储结束标示。对于定时器,从低地址到高地址,从低位到高位分别存储的位信息分别为 T0～T255,而对于计数器为 C0～C255。

地址 0x0016～0x0056 为定时器索引表区,定时器索引表的格式如图 4-6 所示。由于定时器具有 256 个,但是在实际运行中根据不同的 PLC 应用,编写的 PLC 源程序中应用的定时器个数会有所不同。所以 ARM 对 FPGA 的定时器进行配置时,需要指定使用的定时器个数,以及所需配置的定时器的编号。定时器索引表的第一个 32 位存储单元为定时器索引表长度,即所需配置的定时器的个数,下面紧接着就是定时器编号存储区,一个存储单元可以存储 4 个定时器编号。由于在实际应用中,配置的定时器个数可能会少于 256 个,此时定时器编号的存储区域可能有剩余的空间,所以 FPGA 需要先读取定时器的索引表长度数据,然后依次以从低位到高位的方式读取定时器的编号,并读取对应编号定时器的设定值,对相应的定时器进行配置。

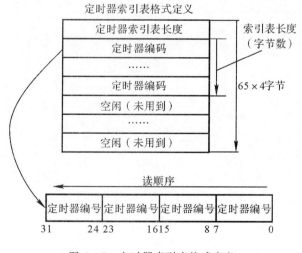

图 4-6　定时器索引表格式定义

地址 0x0057～0x0156 为定时器设定值存储区,共 256 字,用来存储 256 个定时器的设定值。地址 0x0157～0x0256 为定时器当前值存储区,共 256 字,用来存储 256 个定时器的当前值。地址 0x0257～0x0297 为计数器索引表存储区,其具体存储格式如图 4-7 所示,地址 0x0298～0x0397 为计数器设定值存储区,地址 0x0398～0x0497 为计数器当前值存储区,这些计数器相关的存储区域和定时器类似,故不再详述。地址 0x0498～0x07EF 为保留区,供以后扩展需要。地址 0x07F0～0x07FF 为指令存储区,用来存储 ARM 发送给 FPGA 的 PLC 指令,目前指令区只使用该存储区域的低地址的一个 32 位存储单元,剩余存储单元保留,作为以后指令功能扩展的需要。

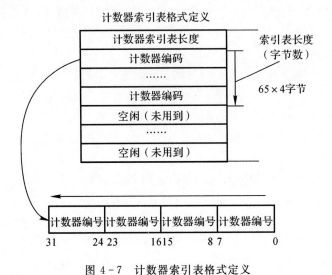

图 4-7　计数器索引表格式定义

第5章 CL型PLC通信系统

5.1 通信结构

PLC的通信系统主要包括 PLC 主机、手持编程器、人机界面和 PC 机等之间的通信。它们之间的通信主要是通过 CAN 总线和 RS232 总线进行通信。PLC 的通信结构如图 5-1 所示。

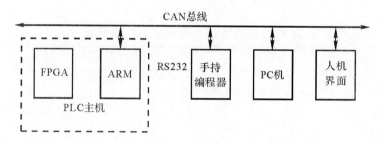

图 5-1 PLC 通信结构图

在 PLC 通信软件中,采用分层管理,如图 5-2 所示,最上层的是 communication. h 和 communication. c 用于数据的打包和解包。中间层的 Uart. h 和 Uart. c 用于串口数据的发送和接收;Can. h 和 Can. c 用于 CAN 的配置、数据发送和接收;Components_api. h 和 Components_api. c 用于软元件的存储和读取。

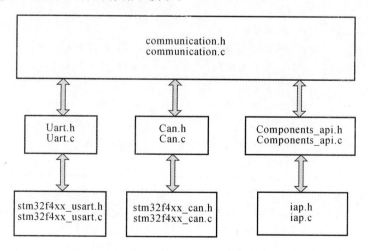

图 5-2 PLC 通信软件结构图

底层的 stm32f4xx_usart. h 和 stm32f4xx_usart. c 用于串口的驱动;stm32f4xx_can. c 和

stm32f4xx_can. h 用于 CAN 总线的驱动;iap. h 和 iap. c 用于内部 flash 数据存取驱动,包括程序的编程读写操作。

5.2　通信协议设计

PLC 总线采用了 CAN 2.0B 标准帧格式的自定义 CAN 协议作为系统的通信协议,其中,应用层源 ID 设计是 CAN 通信网络中必不可少的一部分,是 CAN 协议中定义用于对数据进行编码,表示数据的优先级,以及数据滤波使用的。协议的帧格式见表 5－1,具体的应用层通信协议解析表见表 5－2。

表 5－1　数据区协议格式

起始位	数据长度	源 ID	命令	数据类型	数据号	数据	CRC	结束标志

表 5－2　具体应用层通信协议解析表

名称	字节数	数据说明
起始位	1	0x68(一帧新数据报的起始标志位)
数据长度	2	整帧数据长度
源 ID	1	0x01:人机界面　　　　　0x04:上位机 0x02:PLC 主机　　　　　0x05:扩展模块 1 0x03:手持编程器　　　　0x06:扩展模块 2 ……
命令	1	0x00:读;　　　　　　　　　　0x01:写; 0x02:主机复位; 0x03:获取 PLC 状态;　　　　0x04:设置 PLC 状态; 0x05:获取 PLC 时间;　　　　0x06:设置 PLC 时间; 0x07:握手应答; 0x08:中断读(没有);　　　　0x09:中断写(没有); 0x0A:下载程序;　　　　　　0x0B:上载程序; 0x0C:程序下载/上载错误;　0x0D:下载/上载结束; 0X0E:CRC 错误;
数据类型	1	0x00:PLC 用户程序　　　　0x01:X(输入继电器) 0x02:Y(输出继电器)　　　　0x03:S(状态器) 0x04:M(辅助继电器)　　　　0x05:D(数据寄存器) 0x06:C(计数器)　　　　　　0x07:T(定时器) 0xFF:(用于主机查询,应答等)

续 表

名称	字节数	数据说明
数据号	2	1. 对于 PLC 软元件（X/Y/S/T/D/M/C），数据号指后面的编号，例如，X12 的数据号为 12。 2. 对应主机查询、应答等不需要用到数据类型的，填入 0xFFFF。 3. 下载程序结尾帧 0xFFFF 4. 下载程序中间帧 0x0000,0x0001,0x0002……
数据区	0	数据最少可以是 0，最多 512 个字节
CRC 校验	2	从数据头开始到数据的 CRC 校验
结束标志	1	0x7E（一帧数据报的结束标志位）

　　其中，帧起始位选用 0x68 作为起始标志，如果在接收端接收到数据 0x68 就认为是一帧数据的开始。帧格式的数据长度区域占用 2 个字节，意义是表示数据区的长度。CAN 总线上点对点（即设备之间）通信的实现需要通过设置标识符源 ID 来完成的，具体操作是在 CAN 控制器中将设备设置成为不同的报文 ID 号，继而可以进行选择性接收报文，另外，发送报文任务对实时性要求有高低之分，总线访问优先级也可以通过在网络中对各节点报文标识符设置来完成。按数据发送的实时性要求高低，优先级排序依次是人机界面（0x01）、PLC 主机（0x02）、手持编程器（0x03）、上位机（0x04）、扩展模块（0x05）。命令信息占用一个字节，其中，0x00 表示对设备信息进行读取，0x01 表示对设备写入相关信息。数据类型占用 1 个字节，其中，0x00 表示 PLC 用户程序，0x01~0x07 分别代表 7 种不同软元件 X，Y，S，M，D，C，T 的信息，0xFF 表示用于主机查询、应答的数据。数据号根据系统通信要求目前分为四类，占用 2 个字节的信息，第 1 类是对于 PLC 软元件（X/Y/S/T/D/M/C），数据号指后面的编号，例如，X12 的数据号为 12。第 2 类是对应主机查询、应答等不需要用到数据类型的，填入 0xFFFF。第 3 类是下载程序结尾帧 0xFFFF，第 4 类是下载程序中间帧 0x0000,0x0001,0x0002,…，数据区存放最小值是 0，最大值 512 个字节的数据。CRC 校验区占 2 个字节，存放从数据头开始到数据的 CRC 校验；十六进制数 0x7E 作为结束标志位，占用 1 个字节。

　　发送命令为写时，帧数据报中要携带数据，填充方法就是将之前的数据报的头，即除了数据之外的内容按照 CAN 扩展协议格式制定的顺序填充，然后将数据填到数据报中，最后填充上结束符。

　　当发送命令是读、上电查询、上电回应、通告主机为编辑状态、通告主机为运行状态、中断读、中断写以及改变 PLC 主机状态的命令时，不用携带数据，只需要将除了数据的项，按照顺序填充好就可以发送。

　　上电查询与上电回应命令是在主机上电时用于查询外设连接情况的命令，主机逐次发送上电查询命令，在外设接收到查询命令后，回发上电回应，通过这种方式完成主机上电查询确定外设的工作。

为了程序调用方便,在 communication.h 文件中定义了与表 5-1 对应的枚举程序:

```
enum ptotocol
{FRAME_HEAD=0X68,          //帧头
FRAME_TAIL=0X7E,           //帧尾
ID_INTERFACE=0x01,         //人机界面
ID_PLC=0x02,               //帧尾
ID_HANDHELD_PROGRAMMER=0X03,      //手持编程器
ID_PC=0x04,                //PC 机
COMMAND_READ=0x00,         //读软元件
COMMAND_WRITE=0x01,        //写软元件
COMMAND_RESPONSE=0x04,     //回应
COMMAND_PROGRAM=0x0A,      //下载程序
COMMAND_UPLOAD_PROGRAM=0x0B,      //上载程序
COMMAND_PROGRAM_FAULT=0x0C,       //程序下载错误
COMMAND_END=0x0D,          //结束帧
COMMAND_READ_WRITE=0X0F,          //程序读写错误帧
DATA_TYPE_PROGRAM=0x00,    //PLC 用户程序
DATA_TYPE_X=0x01,          //软元件 X
DATA_TYPE_Y=0x02,          //软元件 Y
DATA_TYPE_S=0x03,          //软元件 S
DATA_TYPE_M=0x04,          //软元件 M
DATA_TYPE_D=0x05,          //软元件 D
DATA_TYPE_C=0x06,          //软元件 C
DATA_TYPE_T=0x07,          //软元件 T
DATA_TYPE_OTHER=0xFF,      //其他软元件
};
```

5.3　上电通信流程

PLC 主机通信软件主要由 PLC 主机上电通信模块、编辑状态通信模块、程序执行状态通信模块等组成。如图 5-3 所示为 PLC 主机上电通信模块,其中的 PLC 主机上电通信模块主要是对 PLC 主机开机后与 PLC 主机 CAN 总线连接的各功能模块进行测试。通过测试判断连入系统中各模块的类型,以及各功能模块是否正常运行等基本情况。通过上电通信测试确定各功能模块正常运行后,需特别判断人机界面装置,因为人机界面初始化需要 PLC 主机的配合才可以完成,在 PLC 主机确定人机界面正常连入后开始向人机界面装置传输失电保持的参数,完成人机界面的初始化任务。在 PLC 主机与各功能模块完成上电测试并正常运行后,就可进行 PLC 主机与各功能模块的通信。

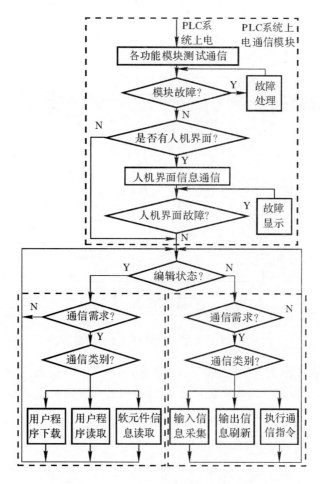

图 5-3　PLC 主机通信模块操作流程图

5.4　PLC 主机发送与接收通信流程

　　PLC 主机的 CAN 处理任务程序设计包括发送处理任务程序设计和接收处理任务程序设计。

　　在 PLC 主机完成上电工作后,主动发送广播给每个节点,说明此时 PLC 主机的工作状态;在 PLC 主机工作状态发生改变时,PLC 主机再次主动发送广播告知各节点此时的工作状态。各节点按照 PLC 主机的工作状态执行接收和发送任务。

　　如图 5-4 所示为 PLC 主机发送信息处理流程图。PLC 主机在发送数据时根据状态处理。发送有两种发送情况,一种为 PLC 主机主动发送数据,另一种为接收到人机界面和扩展模块读数据的命令时发送数据。PLC 主机主动发送数据又分为两种方式:一是在输出刷新阶段软元件参数的输出传输;二是按照中断程序中通信指令的通信要求发送数据。在 PLC 主机输出刷新阶段的信息将直接编码发送,而不需通过 uC/OS-Ⅱ 实时操作系统中的消息邮箱传递到发送任务发送。接收到输入输出设备读数据的命令时则需通过设置消息邮箱来发送数据。

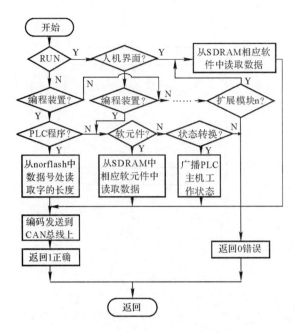

图 5-4 PLC 主机发送信息处理流程图

PLC 主机接收信息处理流程图如图 5-5 所示,接收处理任务程序设计是根据解码后的数据和分析 CAN 扩展协议格式中数据的含义,由数据的含义以及 PLC 主机状态进行相应任务处理的。

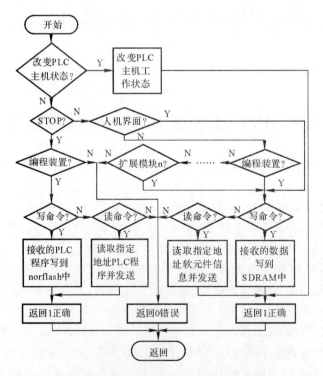

图 5-5 PLC 主机接收信息处理流程图

5.4.1　PLC 打包和解包通讯

PLC 通信的数据打包和解包主要是由 communication. h 和 communication. c 来完成的。在 communication. c 完成串口、CAN 数据的打包和解包。

```
/////////////////////////communication. c/////////////////////////
/* * * * * * * * * * * * * * * * * * * * * * * * * * * * * * * * * * * * * * *
函数功能:crc16 校验
入口参数:puchMsg 发送数据首地址,usDataLen 发送数据长度。
返回参数:16 位 crc 校验值
* * * * * * * * * * * * * * * * * * * * * * * * * * * * * * * * * * * */
uint16_t crc_16(uint8_t *  puchMsg,unsigned short int usDataLen)
{
  unsigned char uchCRCHi=0xFF;
  unsigned char uchCRCLo=0xFF;
  unsigned long uIndex;
  while (usDataLen--)
  {
    uIndex=uchCRCHi ^ * puchMsg++;
    uchCRCHi=uchCRCLo ^ auchCRCHi[uIndex];
    uchCRCLo=auchCRCLo[uIndex];
  }
  return (uchCRCHi << 8 | uchCRCLo);
}


/* * * * * * * * * * * * * * * * * * * * * * * * * * * * * * * * * * * * * * * * *
函数功能:收到数据并存储到 PLC 程序缓存空间,地址 0x20004000
入口参数:无
返回参数:无
* * * * * * * * * * * * * * * * * * * * * * * * * * * * * * * * * * * * * * * * */
__inline void uart0Read(void)
{
  while ((! UART0_FIFO_Rx_EMPTY))
  {
    g_ReceiveFrame[g_temp_i++]=UART_Rx;
  }
    g_ReceiveFrameLength=g_ReceiveFrame[2]+ (g_ReceiveFrame[1] * 256);
  if(g_temp_i >= g_ReceiveFrameLength)
  {
    g_ReceiveFrameFlag=1;
    g_temp_i=0;
    debug_printf("Send PLC_Com_Semp. \n");
    OSSemPost(PLC_Com_Semp);// 发送 PLC 通信信号量 PLC_Com_Semp
  }
}


/* * * * * * * * * * * * * * * * * * * * * * * * * * * * * * * * * * * * * * * *
函数功能:CAN 接收数据
入口参数:无
```

返回参数:无

```
* * * * * * * * * * * * * * * * * * * * * * * * * * * * * * * * * * * * * */
__inline void CAN1Read(void)
{
  int i;
  uint8_t * temp=&RXMsg. dataA[0];
  for(i=0;i<RXMsg. len;i++)
  {
    g_ReceiveFrame[g_temp_i++]= * temp;
    temp++;
  }
  if(g_ReceiveFrame[0] ! = 0x68)
  {
    g_temp_i=0;
    return;
  }
  g_ReceiveFrameLength=g_ReceiveFrame[2]+ (g_ReceiveFrame[1] * 256);
  if(g_temp_i >= g_ReceiveFrameLength)
  {
    g_ReceiveFrameFlag=1;
    g_ReceiveFrame_CANFlag=1;
    g_temp_i=0;
    debug_printf("Send PLC_Com_Semp. \n");
    OSSemPost(PLC_Com_Semp);// 发送 PLC 通信信号量 PLC_Com_Semp
  }
}
/* * * * * * * * * * * * * * * * * * * * * * * * * * * * * * * * * * * * * * *
  函数功能:CAN 中断接收 数据
  入口参数:      无
  返回参数:      无
* * * * * * * * * * * * * * * * * * * * * * * * * * * * * * * * * * * * * * */
void CAN_IRQHandler()
{
  uint8_t IntStatus;
  /* 读取 CAN 状态 */
  IntStatus=CAN_GetCTRLStatus(_USING_CAN_NO,CANCTRL_INT_CAP);
  //检查缓冲区处理
  if(IntStatus & 0x01)
  {
    CAN_ReceiveMsg(_USING_CAN_NO,&RXMsg);
    CAN1Read();//调用 CAN 接收数据
  }
}


/* * * * * * * * * * * * * * * * * * * * * * * * * * * * * * * * * * * * * *
  函数功能:打包数据并发送
  入口参数:无
  返回参数:无
* * * * * * * * * * * * * * * * * * * * * * * * * * * * * * * * * * * * * * */
void FramePackage(uint16_t dataLength,uint8_t command,uint8_t dataType,uint16_t dataNumber,uint8
_t * data)
```

```
{
  uint8_t * upLoad_program=(uint8_t * )g_FlashProgram；
  uint16_t frameLength=0；
  uint16_t crc=0；
  uint16_t i=0；
  frameLength=11 + dataLength；
  data[0]=FRAME_HEAD；
  data[1]=frameLength >>8；
  data[2]=frameLength；
  data[3]=ID_PLC；
  data[4]=command；
  data[5]=dataType；
  data[6]=dataNumber >> 8；
  data[7]=dataNumber；
  if(frameLength == 11)
  {
    crc=crc_16(data,8)；
    data[8]=crc >> 8；
    data[9]=crc；
    data[10]=FRAME_TAIL；
  }
  else if(frameLength == 20)
  {
    for(i=0;i<9;i++)
    {
      data[8+i]=read_write_sc[i]；
      read_write_sc[i]=0；
    }
    crc=crc_16(data,frameLength-3)；
    data[frameLength-3]=crc >> 8；
    data[frameLength-2]=crc；
    data[frameLength-1]=FRAME_TAIL；
  }
  else
  {
    for(i=0;i<dataLength;i++)
    {
      data[i+8]=upLoad_program[i+4+count]；
    }
    crc=crc_16(data,frameLength-3)；
    data[frameLength-3]=crc >> 8；//
    data[frameLength-2]=crc；//
    data[frameLength-1]=FRAME_TAIL；//
  }
}；


/* * * * * * * * * * * * * * * * * * * * * * * * * * * * * * * * * * * * * * * * * *
函数功能:读取软元件
入口参数:无
返回参数:无
```

```
* * * * * * * * * * * * * * * * * * * * * * * * * * * * * * * * * * * * * * * * * */
uint8_t ReadComponent()
{
  int data_number;
  int i;
  Component_Type_T data_type;
  uint8_t data_type_comm;
  data_number=(g_ReceiveFrame[6] << 8) + g_ReceiveFrame[7];
  switch(g_ReceiveFrame[5])
  {
  case DATA_TYPE_X:
  {
    data_type=type_x;
    data_type_comm=DATA_TYPE_X;
    break;
  }
  case DATA_TYPE_Y:
  {
    data_type=type_y;
    data_type_comm=DATA_TYPE_Y;
    break;
  }
  case DATA_TYPE_S:
  {
    data_type=type_s;
    data_type_comm=DATA_TYPE_S;
    break;
  }
  case DATA_TYPE_M:
  {
    data_type=type_m;
    data_type_comm=DATA_TYPE_M;
    break;
  }

  case DATA_TYPE_C:
  {
    data_type=type_c;
    data_type_comm=DATA_TYPE_C;

    current_value=Get_T_C_CurValue(type_c,data_number);
    current_SetValue=Get_T_C_SetValue(type_c,data_number);
    for(i=0;i<4;i++)
    {
      read_write_sc[i+1]=((uint8_t *)(&current_value))[i];
    }

    for(i=0;i<4;i++)
    {
      read_write_sc[i+5]=((uint8_t *)(&current_SetValue))[i];
    }
```

```
        break;
    }
    case DATA_TYPE_T:
    {
        data_type=type_t;
        data_type_comm=DATA_TYPE_T;

        current_value=Get_T_C_CurValue(type_t,data_number);
        current_SetValue=Get_T_C_SetValue(type_t,data_number);

        for(i=0;i<4;i++)
        {
            read_write_sc[i+1]=((uint8_t *)(&current_value))[i];
        }

        for(i=0;i<4;i++)
        {
            read_write_sc[i+5]=((uint8_t *)(&current_SetValue))[i];
        }

        break;
    }
}

read_write_sc[0]=(uint8_t)GetSoftComponentStat(data_type,data_number);//状态值
FramePackage(9,COMMAND_READ,data_type_comm,data_number,g_SendFrame);
if(g_ReceiveFrame_CANFlag)
{
    CAN1_snd(g_SendFrame,20);
}
else
{
    UART0_snd(g_SendFrame,20);
}

g_ReceiveFrameFlag=0;
return 1;
}

/ * * * * * * * * * * * * * * * * * * * * * * * * * * * * * * * * * * * * * * *
函数功能:写入软元件
入口参数:无
返回参数:无
 * * * * * * * * * * * * * * * * * * * * * * * * * * * * * * * * * * * * * * * */
uint8_t WriteComponent(void)
{

    int data_number;
    uint8_t data_type_comm;
//inti;
```

```
uint8_t temp_change[4];
temp_change[0]=g_ReceiveFrame[9];
temp_change[1]=g_ReceiveFrame[10];
temp_change[2]=g_ReceiveFrame[11];
temp_change[3]=g_ReceiveFrame[12];

data_number=(g_ReceiveFrame[6] << 8) + g_ReceiveFrame[7];
switch(g_ReceiveFrame[5])
{
    case DATA_TYPE_X:
    {
        data_type_comm=DATA_TYPE_X;
        SetSoftComponentStat(type_x,data_number,g_ReceiveFrame[8]);
        break;
    }
    case DATA_TYPE_Y:
    {
        data_type_comm=DATA_TYPE_Y;
        SetSoftComponentStat(type_y,data_number,g_ReceiveFrame[8]);
        break;
    }
    case DATA_TYPE_S:
    {
        data_type_comm=DATA_TYPE_S;
        SetSoftComponentStat(type_s,data_number,g_ReceiveFrame[8]);
        break;
    }
    case DATA_TYPE_M:
    {
        data_type_comm=DATA_TYPE_M;
        SetSoftComponentStat(type_m,data_number,g_ReceiveFrame[8]);
        break;
    }
    case DATA_TYPE_C:
    {
        data_type_comm=DATA_TYPE_C;
        SetSoftComponentStat(type_c,data_number,g_ReceiveFrame[8]);
        current_SetValue= * ((int * )temp_change);
        Set_T_C_SetValue(type_c,data_number,current_SetValue);
        break;
    }
    case DATA_TYPE_T:
    {
        data_type_comm=DATA_TYPE_T;
        SetSoftComponentStat(type_t,data_number,g_ReceiveFrame[8]);
        current_SetValue= * ((int * )temp_change);
        Set_T_C_SetValue(type_t,data_number,current_SetValue);
        break;
    }
}
```

```
read_write_sc[0]=1;
FramePackage(9,COMMAND_WRITE,data_type_comm,data_number,g_SendFrame);
if(g_ReceiveFrame_CANFlag)
{
   CAN1_snd(g_SendFrame,20);
}
else
{
   UART0_snd(g_SendFrame,20);
}

g_ReceiveFrameFlag=0;
return 1;
}
```

```
/* * * * * * * * * * * * * * * * * * * * * * * * * * * * * * * * * * * * * * *
函数功能:将接收到的程序通过 IAP,转入 FLASH 中,PLC 源程序存储区地址 0x00040000
入口参数:无
返回参数:是否成功转入
* * * * * * * * * * * * * * * * * * * * * * * * * * * * * * * * * * * * * * */
uint8_t RamToFlash()
{
   uint8_t flag=1;
   __disable_irq();
   if(count == 0)
   {
   if(! ((u32IAP_PrepareSectors(22,22)==IAP_STA_CMD_SUCCESS)
     && (u32IAP_EraseSectors(22,22) == IAP_STA_CMD_SUCCESS)))
   {
   __enable_irq();
   return 0;
   }

   }
   /* 从 RAM 拷贝数据到 flash */
   if((u32IAP_PrepareSectors(22,22) == IAP_STA_CMD_SUCCESS)
     &&(u32IAP_CopyRAMToFlash((uint32_t)(g_FlashProgram+g_ReceiveFrame[7] * 512),
(uint32_t)g_ReceiveFrame+8,512) == IAP_STA_CMD_SUCCESS))
     {/* 校验数据 */
        if(! u32IAP_Compare((uint32_t)(g_FlashProgram+g_ReceiveFrame[7] * 512),
(uint32_t)g_ReceiveFrame+8,512,0) == IAP_STA_CMD_SUCCESS)
        {
          flag=1;
        }
   }

   count++;
   __enable_irq();
   return flag;
}
```

```
/ * * * * * * * * * * * * * * * * * * * * * * * * * * * * * * * * * * * * * * *
函数功能:解包数据,对于接收不同的数据包,进行不同的处理
入口参数:无
返回参数:无
 * * * * * * * * * * * * * * * * * * * * * * * * * * * * * * * * * * * * * * * * */
void checkCommunication()
{
  uint16_t crc;
   if(g_ReceiveFrameFlag)
  {
    g_ReceiveFrameFlag=0;
    crc= crc_16(g_ReceiveFrame,g_ReceiveFrameLength-3);
    if( (g_ReceiveFrame[g_ReceiveFrameLength-3] ! = crc >> 8)
&& (g_ReceiveFrame[g_ReceiveFrameLength-2] ! = crc))
      {
        g_ReceiveFrameErrFlag=1;
        FramePackage (0, COMMAND_PROGRAM_FAULT, DATA_TYPE_OTHER, 0xFFFF, g_
SendFrame);
        if(g_ReceiveFrame_CANFlag)
        {

          CAN1_snd(g_SendFrame,11);
        }
        else
        {
          UART0_snd(g_SendFrame,11);
        }
      return;
    }

    / * if (g_connect_flag)
    {
      if(g_connect ! = g_ReceiveFrame[3])
      {
        return;
      }
    } * /

    switch(g_ReceiveFrame[4])
    {
      case COMMAND_RESPONSE:
      {
        length=upLoad_program[0] * 256 + upLoad_program[1];
        current_length=length;
        FramePackage(0,COMMAND_RESPONSE,DATA_TYPE_OTHER,0xFFFF,g_SendFrame);
        if(g_ReceiveFrame_CANFlag)
        {
          CAN1_snd(g_SendFrame,11);
        }
        else
        {
```

```
       UART0_snd(g_SendFrame,11);
     }
    break;
   }
  case COMMAND_PROGRAM:
   {
    //g_sumLength += (g_ReceiveFrameLength - 11);
    if(! RamToFlash())
    {
       FramePackage(0,COMMAND_PROGRAM_FAULT,DATA_TYPE_OTHER,0xFFFF,g_
SendFrame);//程序下载错误
       if(g_ReceiveFrame_CANFlag)
       {
         CAN1_snd(g_SendFrame,11);
       }
       else
       {
         UART0_snd(g_SendFrame,11);
       }
    }
      FramePackage ( 0, COMMAND _ PROGRAM, DATA _ TYPE _ PROGRAM, 0xFFFF, g _
SendFrame);
      if(g_ReceiveFrame_CANFlag)
      {
        CAN1_snd(g_SendFrame,11);
      }
      else
      {
        UART0_snd(g_SendFrame,11);
      }
     break;
   }
  case COMMAND_UPLOAD_PROGRAM:
   {
    if(current_length>512)
    {
         FramePackage ( current _ length, COMMAND _ UPLOAD _ PROGRAM, DATA _ TYPE _
PROGRAM,0xFFFF,g_SendFrame);
        if(g_ReceiveFrame_CANFlag)
        {
          CAN1_snd(g_SendFrame,length+11);
        }
        else
        {
          UART0_snd(g_SendFrame,length+11);
        }
        current_length -= 512;
        count++;
    }
    if(current_length>0 && current_length<512)
```

```
        {

            FramePackage（current_length,COMMAND_UPLOAD_PROGRAM,DATA_TYPE_
PROGRAM,0xFFFF,g_SendFrame）；
            if(g_ReceiveFrame_CANFlag)
            {
                CAN1_snd(g_SendFrame,length+11)；
            }
            else
            {
                UART0_snd(g_SendFrame,length+11)；
            }
            current_length -= 512；
        }
        else if(current_length < 0)
        {
            FramePackage(0,COMMAND_END,DATA_TYPE_PROGRAM,0xFFFF,g_SendFrame)；
            if(g_ReceiveFrame_CANFlag)
            {
                CAN1_snd(g_SendFrame,length+11)；
            }
            else
            {
                UART0_snd(g_SendFrame,length+11)；
            }
        }
        break；
    }
    case COMMAND_PROGRAM_FAULT：
    {
        //上载错误重发机制没加上去
        break；
    }
    case COMMAND_END：
    {
        FramePackage(0,COMMAND_END,DATA_TYPE_OTHER,0xFFFF,g_SendFrame)；
        if(g_ReceiveFrame_CANFlag)
        {
            CAN1_snd(g_SendFrame,11)；
        }
        else
        {
            UART0_snd(g_SendFrame,11)；
        }
        count=0；
        g_ReceiveFrameFlag=0；
        debug_printf("Send PLC_StaticCompile_Semp. \n")；
        OSSemPost(PLC_StaticCompile_Semp)；
        break；
    }
```

```
case COMMAND_READ:
{
  ReadComponent();
  break;
}
case COMMAND_WRITE:
{
  WriteComponent();
  break;
}

  }
}
}
```
/////////////////////////////end ofcommunication. c/////////////////////////////////

5.4.2　串口驱动程序

串口驱动主要完成串口数据的发送和接收，PLC 系统采用串口来辅助通信，包括与上位机的调试通信，主要由串口 0 来完成。串口驱动程序包括 UART0. h 和 UART0. c，串口 0 头文件代码如下：

```
///////////////////////////UART0. h/////////////////////////////////
#ifndef__UART0_H
#define__UART0_H
#include<LPC177x_8x. h>
#define IER_RBR0x01    //宏定义串口中断状态码
#define IER_THRE0x02
#define IER_RLS 0x04
#define IIR_PEND     0x01
#define IIR_RLS 0x03
#define IIR_RDA 0x02
#define IIR_CTI 0x06
#define IIR_THRE     0x01


#define LSR_RDR 0x01
#define LSR_OE 0x02
#define LSR_PE 0x04
#define LSR_FE 0x08
#define LSR_BI 0x10
#define LSR_THRE 0x20
#define LSR_TEMT 0x40
#define LSR_RXFE 0x80
/* * * * * * * * * * * * *串口中断接收和发送* * * * * * * * * * * * */
#define UART0_INT_Rx_DISABLE(LPC_UART0->IER &= ~(0x01))
#define UART0_INT_Rx_ENABLE   (LPC_UART0->IER |= 0x01)

#define UART0_INT_Tx_DISABLE (LPC_UART0->IER &= ~(0x02))
#define UART0_INT_Tx_ENABLE   (LPC_UART0->IER |= 0x02)
```

```
#define UART0_INT_RLS_DISABLE (LPC_UART0->IER &= ~(0x04))
#define UART0_INT_RLS_ENABLE   (LPC_UART0->IER |= 0x04)

#define UART0_Tx(byte)    (LPC_UART0->THR=byte & 0xFF)
#define UART0_Rx          (LPC_UART0->RBR & 0xFF)
//判断接收缓冲区是否为空
#define UART0_FIFO_Rx_EMPTY        (!(LPC_UART0->LSR & 0x01))
//判断发送缓冲区是否为空
#define UART0_FIFO_Tx_EMPTY        (LPC_UART0->LSR & 0x020)
#define UART_Rx           (LPC_UART0->RBR & 0xFF)
#define UART0_Tx_BUFFER_LEN 256   //数据缓冲区大小
extern unsigned long UART0_snd(unsigned char * data,unsigned long len);
#endif
/////////////////////end of UART0.h/////////////////////////
```

串口 0 源程序代码:

```
/////////////////////UART0.C/////////////////////////////////
/* * * * * * * * * * * * * * * * * * * * * * * * * * * * * * * * * * * * *
功能:应用层通过 UART 接口发送数据
入参 data:发送的数据空间
入参 len:发送的数据长度
返回:实际成功发送的数据长度(如果没有完全发送,请稍作延迟后再发)
 * * * * * * * * * * * * * * * * * * * * * * * * * * * * * * * * * * * * * */

unsigned long UART0_snd(unsigned char * data,unsigned long len)
{
    int32_t i,j;

    if (len ==0)
    {
        return 0;
    }

for(i=0;i<len;i++)
{
UART_SendByte(UART_0, * data);
for(j=0;j<5000;j++);
data++;
}
    return i;
}
/* * * * * * * * * * * * * * * * * * * * * * * * * * * * * * * * * * * * *
函数功能:串口中断接收数据
入口参数:无
返回参数:无
 * * * * * * * * * * * * * * * * * * * * * * * * * * * * * * * * * * * * * */
void UART0_IRQHandler(void)
{
    uint8_t u0lsr,IIRValue;
```

```
IIRValue＝LPC_UART0－＞IIR;//读取中断标志

IIRValue＞＞=1;/* skip pending bit in IIR */
IIRValue &= 0x07;/* check bit 1～3,interrupt identification */
switch (IIRValue)
{
case IIR_RLS:
    u0lsr＝LPC_UART0－＞LSR;
    /*接收线状态*/
    if (u0lsr&(LSR_OE|LSR_PE|LSR_FE|LSR_RXFE|LSR_BI))
    {
        LPC_UART0－＞RBR;
    }
    break;
case IIR_RDA:/* 有数据到达 */
    uart0Read();
    break;
case IIR_CTI:/* 超时接收 */
    uart0Read();
    break;
default:
    break;
    }
}
```

//////////////////////////////End of　UART0. C//////////////////////////////

5.4.3　CAN 驱动程序

CAN 总线主要完成 CAN 系统的接收和发送,通信驱动包括初始化任务、CAN 发送任务、CAN 接受任务。

PLC 主机的初始化程序:

```
void can_init(uint32_t baudrate)
{
CAN_Init(_USING_CAN_NO,baudrate);
PINSEL_ConfigPin(0,0,1);
PINSEL_ConfigPin(0,1,1);
CAN_ModeConfig(_USING_CAN_NO,CAN_OPERATING_MODE,ENABLE);
CAN_IRQCmd(_USING_CAN_NO,CANINT_RIE,ENABLE);
CAN_SetupAFTable();
CAN_SetAFMode(CAN_NORMAL);
CAN_SetupAFLUT(&AFTable);
CAN_InitMessage();
}
```

CAN_Init()函数中选择 CAN 通道 1 进行通信,设置波特率为 1Mbps,PINSEL_ConfigPin(0,0,1)和 PINSEL_ConfigPin(0,1,1)这两个子函数实现功能是选择 LPC1788 主

芯片上的引脚 96 和 94 分别作为 CAN 通信的接收端口引脚和发送端口引脚,并且使能自身测试模式,CAN_ModeConfig()函数是对 CAN 模式 1 中模式寄存器进行配置,用于更改 CAN控制器的行为,使能 CAN 操作模式、复位模式、监听模式、自测试模式、发送优先级模式、睡眠模式、接收优先级模式、测试模式。CAN_IRQCmd()函数主要将验收滤波设置为关闭模式,不接收报文,使能接收中断、发送中断等各种中断,CAN_SetupAFTable()函数主要作用是添加滤波 ID 号,CAN_InitMessage()函数主要是初始化帧信息。

PLC 主机发送任务的流程图如图 5-6 所示,在发送子程序入口处,PLC 主机判断 CAN是否在接收任务,如果是则转到接收程序继续往下执行,如果不在接收任务,则查询上次发送是否完成,已完全发送的话写入 Tx 帧信息寄存器,接着判断是否是远程帧,是的话马上启动发送,不是远程帧则将数据写入 Tx 数据寄存器 A,B。

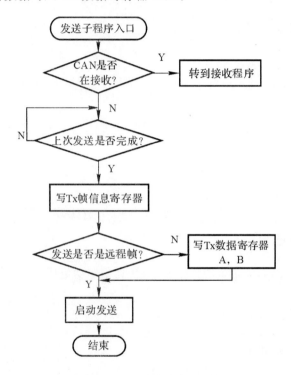

图 5-6　PLC 主机发送任务流程图

PLC 主机的 CAN 接收任务如图 5-7 所示,当主机接收到一帧"打包"好的帧信息时,PLC 会从 CAN 总线的物理层标识符 ID 来判断接收的是哪个设备的帧信息。由表 5-3 物理层标识符 ID 可知,当 ID=0x01 时,PLC 主机接收到的是来自人机界面的帧信息,当 ID=0x03和 ID=0x04 时,主机分别接收到的是来自手持和 PC 上位机的帧信息。无论是接收到这三种设备里面的哪一帧信息,这些信息都会放在接收缓冲区,然后 PLC 主机会将缓冲区当前有效数据读出,并且进行 CRC 校验数据正确性,以便查看这帧数据是否在传送过程中受到了损坏,数据校验正确后 PLC 主机会对帧信息进行解码,从起始位到结束位的信息都会被解析,最后根据原始实际的含义对数据进行处理,如果校验错误,PLC 主机会对传输信息的设备发送一个错误帧。

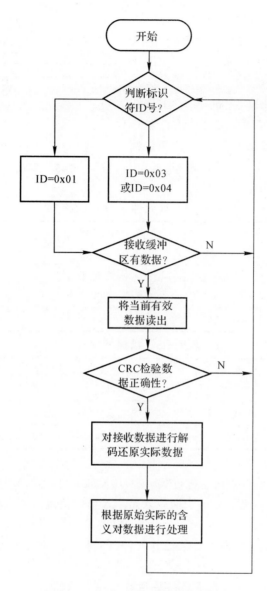

图 5 - 7　PLC 主机接收任务流程图

表 5 - 3　标识符设计表

标识符源 ID	数据说明
0x00	广播地址
0x01	人机界面数据
0x02	PLC 主机
0x03	手持编程器
0x04	上位机
0x05	扩展模块 1
0x06	扩展模块 2

以软元件 X 读取为例,如图 5-8 所示。人机界面将软元件 X 的信息"打包"成帧格式见表 5-4,编码格式为 68 00 0B 01 00 01 00 01 EB 3E 7E。

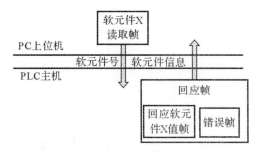

图 5-8 软元件 X 读取过程图

再将帧信息传递给 PLC 主机,PLC 主机在接收到 X 软元件的帧信息后,先对帧信息进行 CRC 校验,如果 CRC 校验错误,回应一个错误帧给人机界面,错误帧见表 5-5,编码为 68 00 0B 02 0E FF FF FF 0C 56 7E。

表 5-4 软元件 X 读取帧格式

数据位	起始位(1)	数据长度(2)		源 ID(1)	命令(1)	数据类型(1)	数据号(2)		数据区	CRC 校验(2)		结束标志(1)
解释	/	/		人机界面的 ID	读取	软元件 X	软元件号		/	/		/
0x	68	00	0B	01	00	01	00	01	/	EB	3E	7E

表 5-5 错误帧格式

数据位	起始位(1)	数据长度(2)		源 ID(1)	命令(1)	数据类型(1)	数据号(2)		数据区	CRC 校验(2)		结束标志(1)
解释	/	/		PLC 的 ID	CRC 错误	无	无		/	/		/
0x	68	00	0B	02	0E	FF	FF	FF	/	0C	56	7E

如果 CRC 校验正确后对帧信息进行"解包",还原软元件类型 X 及其软元件号,并解读软元件的状态信息,PLC 主机会发送一个回应软元件 X 值帧信息给人机界面,见表 5-6,编码为 68 00 14 02 00 01 00 01 00 00 00 00 00 00 00 00 64 67 7E。最后成功获取了软元件 X 的状态信息并使信息显示在人机界面上。其他软元件 Y,M,S,T,C 的读取和写入过程类似于软元件 X 的读取过程。

表 5-6 回应软元件 X 值帧

数据位	起始位(1)	数据长度(2)		源 ID	命令	数据类型	数据号		数据区	CRC 校验		结束标志
解释	/	/		PLC 的 ID	读取	软元件 X	软元件号		/	/		/
0x	68	00	14	02	00	01	00	01	见下	64	67	7E

数据区		
当前软元件状态值	/	/
0 或 1	该软元件无此项	该软元件无此项
00	00 00 00 00	00 00 00 00

CAN 总线驱动头文件代码为

```
///////////////////////////CAN. H////////////////////////////////
ifndef _CAN__H_    // CAN 总线头文件
#define _CAN__H_
#include "lpc177x_8x_can. h"
#include "lpc177x_8x_pinsel. h"
#include "debug_frmwrk. h"
#define _250_KBPS250000
#define _500_KBPS500000
#define _1_MBPS1000000
#define _USING_CAN_NO(CAN_1)

extern CAN_MSG_Type TXMsg,RXMsg;

void can_init(uint32_t baudrate);
void CAN1_snd(uint8_t * data,uint32_t len);
#endif
///////////////////////end of  CAN. H////////////////////////////
CAN 总线驱动源文件代码:
///////////////////////CAN. C/////////////////////////////////////

#include "can. h"
#include "communication. h"
#define RECVD_CAN_CNTRL(CAN1_CTRL)
#define MAX_ID_NUMBER 4//最大滤波 ID 数目
/* * CAN variable definition * */
CAN_MSG_Type TXMsg,RXMsg;// messages for test Bypass mode
uint32_t CANRxCount,CANTxCount=0;
AF_SectionDef AFTable;
SFF_Entry SFF_Table[MAX_ID_NUMBER];
/* * * * * * * * * * * * * * * * * * * * * * * * * * * * * * * * * *//* *
* 功能:添加滤波 ID
* 入口:none
* 出口:none
* * * * * * * * * * * * * * * * * * * * * * * * * * * * * * * * * * * */
void CAN_SetupAFTable(void)
{
  SFF_Table[0]. controller=RECVD_CAN_CNTRL;
  SFF_Table[0]. disable=MSG_ENABLE;
  SFF_Table[0]. id_11=ID_INTERFACE;
  SFF_Table[1]. controller=RECVD_CAN_CNTRL;
  SFF_Table[1]. disable=MSG_ENABLE;
  SFF_Table[1]. id_11=ID_PLC;

  SFF_Table[2]. controller=RECVD_CAN_CNTRL;
  SFF_Table[2]. disable=MSG_ENABLE;
  SFF_Table[2]. id_11=ID_HANDHELD_PROGRAMMER;

  SFF_Table[3]. controller=RECVD_CAN_CNTRL;
  SFF_Table[3]. disable=MSG_ENABLE;
```

```
    SFF_Table[3].id_11=ID_PC;

    AFTable.FullCAN_Sec=NULL;
    AFTable.FC_NumEntry=0;

    AFTable.SFF_Sec=&SFF_Table[0];
    AFTable.SFF_NumEntry=MAX_ID_NUMBER;

    AFTable.SFF_GPR_Sec=NULL;
    AFTable.SFF_GPR_NumEntry=0;

    AFTable.EFF_Sec=NULL;
    AFTable.EFF_NumEntry=0;

    AFTable.EFF_GPR_Sec=NULL;
    AFTable.EFF_GPR_NumEntry=0;
}


/* * * * * * * * * * * * * * * * * * * * * * * * * * * * * * * * * * * * * * * * *// * *
功能:CAN 总线初始化滤波接收和发送消息
入口:无
出口:无
* * * * * * * * * * * * * * * * * * * * * * * * * * * * * * * * * * * * * * * * * */
void CAN_InitMessage(void)
{
    TXMsg.format=STD_ID_FORMAT;
    TXMsg.id=2;//ID_PLC;
    TXMsg.len=8;
    TXMsg.type=DATA_FRAME;
    TXMsg.dataA[0]=TXMsg.dataA[1]=TXMsg.dataA[2]=TXMsg.dataA[3]=0;
    TXMsg.dataB[0]=TXMsg.dataB[1]=TXMsg.dataB[2]=TXMsg.dataB[3]=0;

    RXMsg.format=STD_ID_FORMAT;
    RXMsg.id=0x04;
    RXMsg.len=0x00;
    RXMsg.type=0x00;
    RXMsg.type=DATA_FRAME;
    RXMsg.dataA[0]=RXMsg.dataA[1]=RXMsg.dataA[2]=RXMsg.dataA[3]=0;
    RXMsg.dataB[0]=RXMsg.dataA[1]=RXMsg.dataA[2]=RXMsg.dataA[3]=0;
}


/* * * * * * * * * * * * * * * * * * * * * * * * * * * * * * * * * * * * * * * *
功能:CAN 总线初始化程序
入口:CAN 波特率设置
出口:无
* * * * * * * * * * * * * * * * * * * * * * * * * * * * * * * * * * * * * * * * */
void can_init(uint32_t baudrate)
{
    CAN_Init(_USING_CAN_NO,baudrate);//通道和波特率选择
    PINSEL_ConfigPin (0,0,1);//引脚配置
```

```
    PINSEL_ConfigPin(0,1,1);
    //允许自我测试模式
    CAN_ModeConfig(_USING_CAN_NO,CAN_OPERATING_MODE,ENABLE);

    //允许接收和发送中断
    CAN_IRQCmd(_USING_CAN_NO,CANINT_RIE,ENABLE);
    //CAN_IRQCmd(_USING_CAN_NO,CANINT_TIE1,ENABLE);

    /允许向量中断
    //NVIC_EnableIRQ(CAN_IRQn);
    CAN_SetupAFTable();
    CAN_SetAFMode(CAN_NORMAL);
    CAN_SetupAFLUT(&AFTable);
    CAN_InitMessage();

}


/* * * * * * * * * * * * * * * * * * * * * * * * * * * * * * * * * * * *
功能:CAN 总线发送一定长度的数据
入口:CAN 数据缓冲区,发送数据的长度
出口:无
* * * * * * * * * * * * * * * * * * * * * * * * * * * * * * * * * * * * * /

void CAN1_snd(uint8_t * data,uint32_t len)
{
    int i=0;
    int j=0;
    int k=0;
    int mod,div;
    uint8_t * temp;
    div=len/8;
    mod=len % 8;
    for(i=0;i<div;i++)
    {
        temp=&TXMsg.dataA[0];
        for(j=0;j<8;j++)
        {
            * temp= * data;
            temp++;
            data++;
        }
        TXMsg.len=8;
        CAN_SendMsg(_USING_CAN_NO,&TXMsg);
        for(k=0;k<3000;k++);
    }

    if(mod ! = 0)
    {
        temp=&TXMsg.dataA[0];
        for(i=0;i<mod;i++)
        {
```

```
          * temp= * data;
        temp++;
        data++;
      }
    TXMsg. len=mod;
    CAN_SendMsg(_USING_CAN_NO,&TXMsg);
   }
}
/* * * * * * * * * * * * END of CAN. C * * * * * * * * * * * * * * * * */
```

第6章　CL型PLC手持式编程装置

6.1　手持式编程装置功能

CL型PLC手持式编程装置具有如下功能。

(1)实现对PLC源指令文件进行编辑,可以对其进行查询、创建、读写、删除、插入、查找、修改等操作,将源指令文件转化为目标指令文件,再对目标指令文件进行编译,生成目标代码文件;对目标代码文件进行反编译,可生成目标指令文件。

(2)能记录指令文件的创建或修改时间,并可以重新设置时间。

(3)能存储多套PLC源指令文件等数据,并能在掉电时保存。

(4)使用键盘实现PLC源指令文件的键入等功能,规划液晶屏幕的显示格式,制定指令的显示方式,利用液晶显示屏显示指令文件及对其操作的过程、各类显示界面等。

(5)实现与上位机、PLC主机的通信。

(6)通过与PLC主机的通信,实现远程监控、调试PLC主机的运行状态。同时检测软元件的状态,指定软元件的当前值和设定值,强制设置指定软元件的状态及数据寄存器、定时器和计数器的参数。

6.2　硬件结构

CL型PLC手持式编程装置选用NXP公司的LPC1768为硬件电路的控制核心,其MCU是ARM Cortex-M3处理器,具有高性能、超低功耗和低成本的特性,适用于处理要求高度集成和低功耗的嵌入式应用、工控产品等,性价比很高。ARM Cortex-M3 CPU具有三级流水线和哈佛结构,带有独立的本地指令和数据总线以及用于外设的、性能稍低的第三条总线。其外设组件包含USB主机/从机/OTG接口、4个UART、2条CAN通道的控制器、2个SSP控制器、SPI接口、3个I2C接口、10位DAC、4个通用定时器、带独立电池供电的超低功耗RTC和多达70个的通用I/O管脚等,还具有标准JTAG调试模式和ARM串行调试模式,可直接对所有存储器、寄存器和外设进行调试。

ARM Cortex-M3处理器,可在高达100 MHz的频率下运行,并包含一个支持8个区的存储保护单元;内置了嵌套的向量中断控制器;具有在系统编程ISP和在应用编程IAP功能的512 KB片上Flash程序存储器和64 KB片内SRAM存储器。把增强型的Flash存储加速器和Flash存储器在CPU本地代码/数据总线上的位置进行整合,则Flash可提供高性能的代码;64 KB片内SRAM包含32 KB SRAM和2个16 KB SRAM模块,其中,32 KB SRAM可供高性能CPU通过本地代码/数据总线访问。

手持式编程装置的硬件架构设计如图6-1所示,其硬件框架主要由LPC1768微控制器主控制模块、电源模块、存储模块、人机界面模块、通信模块、JTAG 调试模块六个模块组成。
其中,存储模块由 LPC1768 微控制器内部的片上 Flash、片内 SRAM 和外接 SD 卡构成。
Flash 和 SRAM 存储器用来存储系统文件、PLC 源指令文件及目标代码文件等程序和数据,
当存储的数据较多时,可将数据写入外接的 SD 卡上。人机界面模块由键盘模块和 LCD 显示
模块构成,液晶显示屏使用迪文智能显示终端,通过串口与微控制器传输数据。通信模块中,
使用异步串行接口和 CAN 总线节点,以完成编程装置与上位机、PLC 主机的通信。

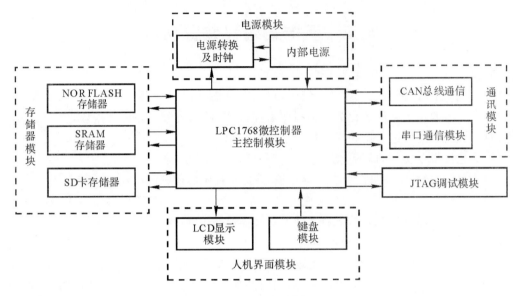

图 6-1 手持式编程装置的硬件架构

6.3 CL 型 PLC 编程装置的软件结构

根据 PLC 编程装置的总体设计要求,选择嵌入式 μC/OS-Ⅱ 实时操作系统为软件平台的
核心,便于软件开发。编程装置的软件设计按功能分,由 PLC 程序编辑模块、PLC 程序编译
模块、PLC 程序反编译模块、数据存储模块、人机界面模块、通信模块六大模块组成,其总设计
框架如图 6-2 所示。首先完成嵌入式 μC/OS-Ⅱ 系统的移植、驱动程序与应用接口程序的设
计、任务调度的设计。在 μC/OS-Ⅱ 系统环境下,数据存储模块实现对源指令文件、目标代码
等数据的存储;通信模块通过 CAN 总线和串口完成与 PLC 主机以及上位机的通信。

PLC 源指令文件由若干条指令组成,有开始标志和结束标志,每条指令均由指令号、操作
符及操作数组成,其中,操作数包括软元件的类型及其编号,多操作位逻辑运算指令和接点
类型。

6.3.1 功能模块设计

编程装置的功能模块结构图如图 6-3 所示。编辑过程中每套用户程序以二进制目标代
码的形式存储在片上 Flash 存储器中。首先为在编的指令文件开辟具有一定容量的存储空
间,每录入一条指令,按规定的指令显示格式显示在人机界面上,同时存储在指定的存储单元

内。在所有源指令全部录入完毕后，PLC 源指令文件生成，然后对其分析、优化与检错，若有错误，则对错误进行处理，之后目标指令文件生成。从 Flash 程序存储器或外接 SD 卡中读出的目标代码文件，先反编译成目标指令文件，再转化为 PLC 源指令文件，或通过人机界面录入的源指令文件，可对其进行编辑，实现插入、删除等功能，再显示在人机界面上。当执行程序传输命令时，编译模块将目标指令文件编译成二进制目标代码文件，按照自定义的 CAN 通信扩展协议格式，填充编码报文，发送给 PLC 主机。当接收到 PLC 主机发送的数据时，系统先对报文解码，再将其反编译成源指令文件，可对其进行编辑，并显示在人机界面上。

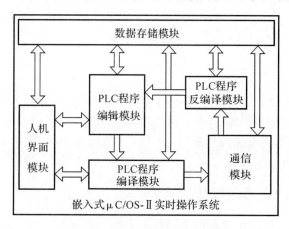

图 6-2　PLC 编程装置的软件架构

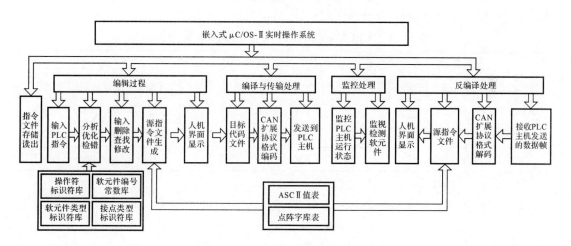

图 6-3　编程装置的功能模块结构图

与 PLC 主机联机时，PLC 编程装置可远程监控 PLC 主机的工作状态，并可强制改变 PLC 主机的运行状态；可检测软元件 X，Y，T，C，S，M，D 的动态 ON/OFF 状态，以及 T，C，D 的当前值与设定值；强制对输出端口 Y、软元件 S，T，C，M 置 1 复 0；强制对数据寄存器 D、变址寄存器 V/Z 设置数据，对定时器 T 和计数器 C 设置参数。从而实现 PLC 编程装置远程调试和监控 PLC 主机的工作状态、检测软元件的信息、强制设置参数等功能。

6.4　PLC 编程装置的硬件电路

PLC 编程装置的硬件架构主要由主控制模块、电源模块、存储模块、人机界面模块、通信模块、JTAG 调试模块六个模块组成。主控制模块电路主要由 LPC1768 微控制器、时钟电路、复位电路组成，外接 32.768 kHz 的晶振为内部的实时时钟 RTC 提供准确的实时时钟源。JTAG 调试模块的硬件电路主要是将 J-Link 的管脚分别于 LPC1768 的微控制器的 TMS/SWDIO,TCK/SWDCLK 两个管脚连接即可。编程装置采用"核心板＋接口电路板"构成一个二级结构，根据功能要求，设计恰当的接口电路板。

6.4.1　电源模块电路

电源模块为整个编程装置提供能量，是整个装置运行的基础，具有重要的地位。如果装置的电源模块处理得好，那么整个装置的故障往往减少很多。电源模块电路中，编程装置的工作电源可从 PLC 主机的外部电源接口获取，也可从上位机的 USB 接口通过 USB 收发器获取，也可由 5 V 内部锂电池提供。

6.4.2　存储模块电路的设计

存储模块由 LPC1768 微控制器内部的片上 Flash,64 KB 片内 SRAM 存储器和外接 SD 卡构成。其中，Flash 和 SRAM 存储器用来存储系统程序和用户程序，如 PLC 源指令文件、目标代码文件等程序和数据，其存储地址使用见表 6-1。

表 6-1　LPC1768 微控制器的存储器地址分配表

地址范围	用途	说明
0x00000000～0x0007 FFFF	片上非易失性存储器	Flash 程序存储器(512 KB)
0x10000000～0x10007FFF	片上 SRAM	本地 SRAM—Bank0(32 KB)
0x2007C000～0x2007 FFFF	片上 SRAM,用于存储外设数据	AHB SRAM—Bank0(16 KB)
0x2008 0000～0x2008 3FFF	片上 SRAM,用于存储外设数据	AHB SRAM—Bank1(16 KB)

当 LPC1768 微控制器内的数据较多时，可将数据写入外接的 SD 卡上，需要时再将数据从 SD 卡上读出来。SD 卡有 SD 总线和 SPI 总线两种访问模式。选用 SD 模式时，要求 MCU 含有 SD 卡控制器接口，或者扩展 SD 卡控制电路。由于 LPC1768 微控制器只有 SPI 接口，因此只能采用 SPI 模式来访问 SD 卡。

LPC1768 微控制器含有内置的 SPI 控制器模块，可同时连接多个主机和从机。外接 SD 卡与 LPC1768 连接的硬件电路如图 6-4 所示。

6.4.3　人机界面模块电路的设计

人机界面模块由键盘和液晶显示两个模块构成。其中，矩阵键盘模块使用 8 根 I/O 线，即使用 8 个通用的数字输入/输出引脚来完成矩阵键盘的硬件电路，如图 6-5 所示。液晶显示模块使用 4.3 英寸的迪文智能显示终端，通过异步串行接口与 LPC1768 微控制器传输数据,其电路连线图如图 6-6 所示。

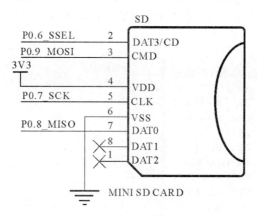

图 6-4　SD 卡与 LPC1768 连接的硬件电路图

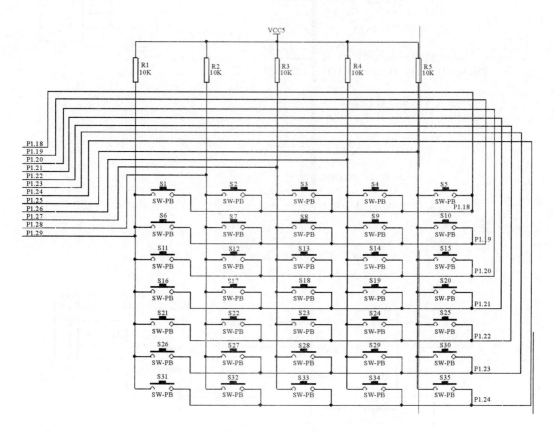

图 6-5　矩阵键盘与 LPC1768 连接的硬件电路图

6.4.4　通信模块电路的设计

通信模块由串口通信和 CAN 总线通信两部分构成。使用 LPC1768 微控制器的两个 UART 接口分别与液晶显示屏、上位机连接,实现 PLC 编程装置与上位机的通信。使用 LPC1768 微控制器的 2 条 CAN 通道节点将编程装置与 PLC 主机连接,即在工作现场的合适地方设置 CAN 总线节点,通过该节点接入 PLC 编程装置,即可实现远程监控、调试 PLC 主机的运行状态、检测软元件的信息、强制设置指定软元件的参数。编程装置中 CAN 控制器接口电路如图 6-7 所示。

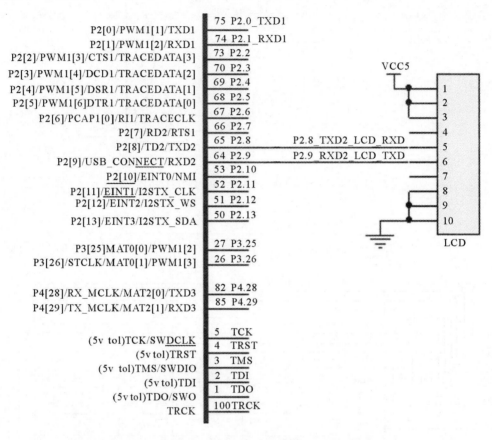

图 6-6 液晶显示屏与 LPC1768 连接的硬件电路图

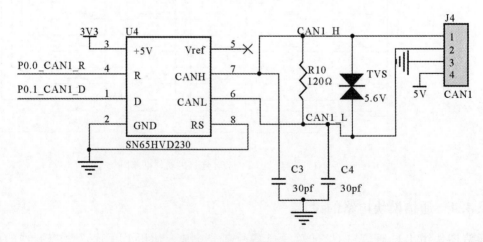

图 6-7 CAN 总线的接口电路

在 PLC 控制现场有较多设备可能产生电磁信号,因此需要考虑抗干扰。在 CAN 接口设计时,LPC1768 微控制器的 TD1 和 RD1 通过 CAN 总线收发器 SN65HVD230 的 TXD 和 RXD 相连。在 CAN 总线通信中使用 SN65HVD230 提高了抗干扰能力。一个 120Ω 的电阻对总线抗干扰的匹配发挥着重要作用,两个 30 pF 的小电容 C3 和 C4 能滤除高频干扰,TVS 管在抗电压干扰时起着过压保护作用。在工业现场 CAN 总线采用屏蔽双绞线包裹,增强节点的抗干扰能力。

6.5　编程装置的软件

PLC 编程装置的软件架构主要由程序编辑模块、程序编译模块、程序反编译模块、数据存储模块、人机界面显示模块和通信模块六大模块组成。其中,程序编辑模块实现 PLC 源指令文件的查询、创建、读写、删除、插入、修改、分析、优化与检错等功能。程序编译模块实现将目标指令文件编译成二进制目标代码文件。反编译模块完成将目标代码文件编译成指令文件。数据存储模块采用内存和 SD 卡的存储方式完成 PLC 源指令文件、目标代码文件等程序和数据的存储。人机界面显示模块主要是显示 PLC 源指令文件,还用于调试和监控 PLC 主机的运行状态,检测和强制指定软元件的信息。通信模块的设计主要完成编程装置与上位机、PLC 主机的通信,实现数据的传输。

6.5.1　PLC 源指令文件的编辑

PLC 编程装置的编辑功能有对 PLC 源指令文件的查找、创建、读写、插入、删除、查询;对 PLC 主机的监控与调试;对指定软元件的检测和强制;通过内部 Flash 程序存储器或外接 SD 卡读写编辑好的 PLC 源指令文件等功能。通过人机界面的键盘,键入 PLC 源指令文件,显示在液晶屏幕上,对其进行分析、优化与检错,若发现错误,则及时纠错,并可以对 PLC 源指令文件进行插入、删除等修改操作。

编辑 PLC 源指令文件是一个动态处理指令序列和存储数据的过程。通过操作指令号完成对 PLC 源指令文件的读写、插入、删除、查找等功能。编辑执行流程如图 6-8 所示。

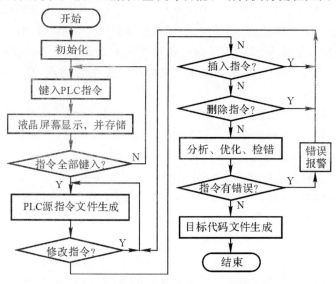

图 6-8　编辑功能执行流程图

编辑功能的特殊之处在于对多操作位逻辑运算指令的编辑。多操作位逻辑运算指令的操作位个数不定,因此建立指令操作位的结束标志位,表明操作位是否全部键入。而其他两类指令的操作数个数已定,不用设置指令结束标志位。键入第一类指令时,在某一个操作位键入后,紧接着按下某一个指令键,则表明该指令操作位已录入结束,标志位置 1,并光标换行,否则,表明还有未输完的操作位,此时当跟指令同一行的操作位不够键入显示时,自动换行,并且与第 1 个操作位显示的起始位置相同。

第二、第三类指令的操作数个数固定,键入时只需全部键入即可,当一行不能全部键入时则换行键入,且操作数要和上一行的操作数起始位置对应。

例如,编辑指令"0096 LDR M136IF X18P Y45I"时,该指令共用 25 个字符,用一行不够显示,需换行显示。其中,指令号"0096"是十进制数;"LDR"是操作符;操作数有"M136IF""X18P""Y45I";其中"136""18""45"均是十进制数,分别代表软元件 M,X,Y 的编号。

(1)查询和创建

通过人机界面的键盘,键入 PLC 指令时规定:指令操作符和操作数之间、各个操作数之间都仅有一个空格符,若有多个或者没有空格符,则报错;各个操作数类型与其编号之间无任何符号,否则报错;当指令是多操作位逻辑运算指令时,软元件编号和接点类型之间没有空格,否则报错。当报错时,屏幕上不显示,键入无效,并响一次报警声。

查询主要目的是查看已创建的 PLC 源指令文件,屏幕上可以显示其名称、大小及创建日期,当屏幕不能全部显示所有文件时,可通过人机界面的移位键查看。若要查看已创建的文件,则移动光标指示文件所在的行,按 RD 键即可读出,并显示在液晶屏幕上。查询时建立如下三个文件,分别记录创建文件的名称、大小和日期。

```
uint8  g_PLSName_Lib[16][3]={""};//记录创建的文件名
uint8  g_PLSIZE_Lib[16][2]={""};//记录文件大小
uint8  g_PLSCreatTime_Lib[16][8]={""};//记录文件的创建日期
```

创建功能完成为指令文件开辟一定的地址空间。创建文件时,先查询已创建的 PLC 源指令文件,查看存储空间是否够使用,若够使用,则按创建键,进入创建界面,请输入 PLC 源指令文件名称;若不够使用,先插入 SD 卡,保存已创建的某个或几个文件,再删除该几个文件,然后再按创建键,进入创建界面。本书中规定文件名由三个字符构成,其中首字符必须是英文字母。

创建过程中,不仅有 PLC 文件,还建立含 128 个 ASCII 值的 ASCII 字符值表和点阵字库表。本书中将屏幕显示的 9 行指令序列称为液晶显示文件,如图 6-9 所示为 ASCII 字符值表、PLC 源指令文件、目标指令文件、目标代码文件、点阵字库表与液晶显示文件之间的映射关系。其中,ASCII 字符值表中每个 ASCII 值用一个字节表示;点阵字库表中含两种类型,一种是 8×16 点阵的数字与字母,另一种是 16×16 点阵的汉字。编辑过程中,将 PLC 源指令文件中的每条指令根据 ASCII 字符值表存储起来;通过扫描查找点阵字库表中字模代码,将指令中每个字符按照规定的格式显示在屏幕上。

从图 6-9 中可知,编辑过程中通过人机界面键入 PLC 源指令的同时,指令既显示在液晶屏幕上,也存储在 PLC 源指令文件中,当指令全部键入时,PLC 源指令文件生成,再经分析、优化与错误处理,生成目标指令文件,采用编译技术将其编译成二进制目标代码文件。由此可见,整个编辑过程中数据流从液晶屏幕显示表开始,先流到 PLC 源指令文件,再流到目标指令文件,最后流向目标代码文件。反编译指令文件过程中数据流从目标代码文件开始,先反编译生成目标指令文件,再显示在液晶屏幕上。整个编译过程与反编译过程是一个相逆的过程。在编辑过程中若修改错误的或者变更的指令(如操作符或者操作数),则相应存储地址的内容也会随之改变。

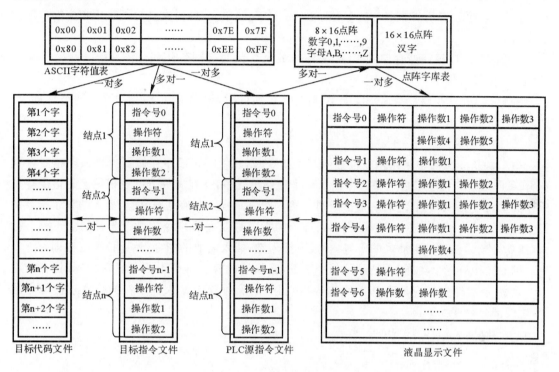

图 6-9　六表之间的映射关系图

(2)写入与读出

通过人机界面写入 PLC 源指令文件时,可将指令存储在 LPC1768 微控制器的片内 Flash 程序存储器中。建立文件系统 g_PSF,指令文件如下所示:

```
structPLCFile
{
  uint8  PLCFile_Name[3];        //PLC 源指令文件的文件名
  uint16PLCSouFile_len;          //PLC 源指令文件的所有字符长度
  uint8  PLCSouFile_SectorNumer;//PLC 源指令文件所在的扇区号
  uint8  SectorNumer_Halflag;//PLC 源指令文件所在的扇区号前半部分单元标志
  uint16  FAT_Table[MAX_SIZE];        //文件分配表
  uint16  PLCSouFile_DIR[MAX_InstrNum];//目录区,记录每条指令的起始地址
  uint8   PLCSouFile[MAX_SIZE][MAX_InstrLen];//数据区
  uint8  PLCFile_CreatTime[8];//PLC 源指令文件的创建日期
};
struct  PLCFileg_PSF;
```

该文件系统结构中包含了 PLC 源指令文件的文件名、文件长度、文件分配表、目录区、数据区和文件的创建日期,还有存储 PLC 源指令文件所在的扇区号。由于使用 IAP 命令将 PLC 源指令文件存储时,存储的每个扇区都是 32 KB 的空间大小,而本书中 PLC 源指令文件最大只有 16 KB,所以设置 PLC 源指令文件所在的扇区号前半部分单元标志。其中,文件分配表负责分配每条指令的存储单元号,目录区记录每条指令的起始存储单元号,数据区划分了许多若干个存储单元,每个存储单元最大设置为 10 个字节。当存储一条指令时,一个存储单元不够使用,此时将其余的部分指令存储在下一个存储单元,此时文件分配表中相应的位置记录存储单元号。

当 Flash 程序存储器存储到 PLC 文件的最大套数时,外接 SD 卡,将其中一些文件写入 SD 卡内,进行备份。

从 Flash 程序存储器或者 SD 卡中读出 PLC 文件时,根据 PLC 源指令文件的名称读取,并显示在液晶屏幕上。

(3)插入与删除

PLC 源指令文件中某条指令前插入一条指令时,在 Flash 程序存储器内将该条指令存放到 PLC 源指令文件中最后一条指令的下一个存储单元中,并在文件分配表记录该条指令存储的存储单元号,目录区中记录该条指令的起始存储单元号。在液晶屏幕上,插入的该条指令的指令号变为原先指令的指令号,原先那条指令的指令号及之后指令的指令号都随之下移。插入时,先将光标移到指定插入的位置,再按下插入键,插入需要的指令,然后按执行键即可。

删除操作有三个功能,一是删除某个字符,删除的内容在屏幕上不再显示的同时,存放在 PLC 源指令文件中相应的存储单元内容也删除,删除过程中输入提示符的位置也会随之改变,主要部分程序如下:

```
i=g_EachInstr_len[g_TotalInstr_Num];
if(((prompt_pos>15)&&(prompt_pos<=29))||((prompt_pos>41)&&(prompt_pos<=55))||
((prompt_pos>67)&&(prompt_pos<=81)))
{   Whole_Screen_Array[prompt_pos]=32;prompt_pos--;
        Whole_Screen_Array[prompt_pos]=95;
        g_PSF.PLCSouFile[g_TotalInstr_Num][i-1]=0x00;
        g_EachInstr_len[g_TotalInstr_Num]--;
        g_PSF.PLCSouFile_len--;
}
prompt_TWO_change();
```

当将要删除的字符是操作符时,按删除键,则操作符的所有字符全部删除,并且在 Flash 程序存储器内相应的存储单元号内也删除该操作符。

二是删除指令文件中某一段指令。先按一下删除键;再按 STEP 键,键入删除的起始指令号;再按空格键;再按一次 STEP 键,键入删除的结束指令号;最后,按执行键,可将指定的某段指令删除。

三是不需要在 Flash 程序存储器中存储某个文件,或者某个文件已经在 SD 卡上存储,则删除该指令文件。在 PLC 源指令文件中删除某条指令或者某段指令时,该指令或者指令段所占用的空间不再使用,屏幕上该条指令或者指令段之后的各条指令都向上移,而且指令号也随之增加。

（4）分析、优化与检错

通过人机界面录入完所有 PLC 源指令后生成 PLC 源指令文件，对其进行分析、优化与检错，生成结构和逻辑上完全正确的目标指令文件，其执行流程如图 6-10 所示。

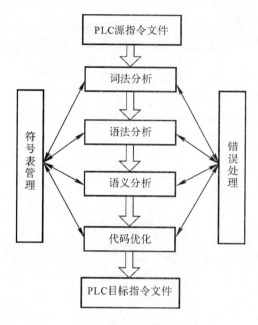

图 6-10　分析、优化与检错的执行流程图

文件分析主要是对 PLC 源指令文件进行词法分析与语法分析。在分析文件过程中，将指令的操作符设置为关键字，将软元件的类型和接点类型设置为标识符，将软元件的编号设置为常数，分别建立操作符的关键字库、软元件类型和接点类型的标识符库、软元件编号的常数库。

词法分析采用正则文法和有限自动机的原理来实现扫描功能。为了识别 PLC 源指令文件中每条指令的标识符和常数，建立了读取空格符位置函数 Read_Space()、截取子字符串函数 substr()，判断出空格的个数，从指令中分离出标识符与常数。在检查词法分析阶段中产生的标识符与常数，判断操作符的标识符是否能在操作符关键字库、操作符的类型是否在软元件类型的标识符库、操作数的接点类型是否在接点类型的标识符库中，若不在则提示错误，重新键入；判断常数是否在相应的软元件的常数库中，若不在，则表明操作数的编号超界。从 PLC 源指令文件中逐个读取字符，生成一个个词法单词，再对不同的单词进行识别，分离出标识符、关键字、常数。设计中 PLC 源程序指令文件的词法分析结构如图 6-11 所示。根据正则表达式，词法分析器对 PLC 源指令文件进行词法分析，生成 Token 单词序列。根据 PLC 指令的操作符与操作数，定义如下的三种 Token 类型：

```
typedef   enum
{
LD,LDR,OR,AND,ORB,MPS,MRD,MPP,INV,OUT,SET,RST,PLS,PLF,MC,MCR,END,STL,
RET,NOP,CJ,CALL,SRET,IRET,EI,DI,FEND……
} Token_opcode;
typedef   enum
{
```

```
X,Y,M,T,C,S
}   Token_operand;
typedef   enum
{
I,'   ',P,F,IP,IF
}   Tokenjunction;
```

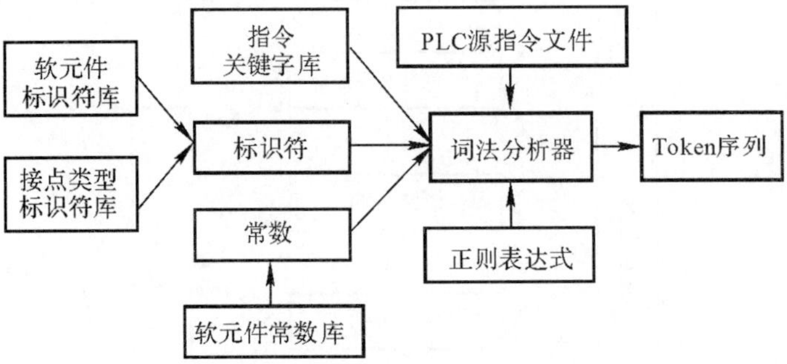

图 6-11   词法分析结构图

根据两种 Token 类型和软元件的常数库,检查识别出的单词及数字是否能在相应库中找到。例如,指令"LDR   X021I   T56IP   M187F"中,识别出指令操作符"LDR"、软元件类型"X"及其编号"021"、接点类型"I"、软元件类型"T"及其编号"56"、接点类型"IP"、软元件类型"M"及其编号"87"、接点类型"F"。将"LDR"与 PLC 指令关键字库中关键字进行比较,若找到相同的,则说明该指令操作符是正确的,否则报错;将"X""T""M"分别与软元件标识符库中标识符进行比较,若找到相同的,将软元件的编号转化为十进制数,再与相应的常数库中常数比较;将接点类型"I""IP""F"与其标识库中标识符比较。

语法分析的任务是按照语法从源程序的单词序列中识别出各种语法成分,同时进行语法检查,为语义分析和代码生成作准备。针对词法分析阶段中产生的单词序列进行检查,判断是否符合 PLC 指令表语言的语法规则,检查指令操作符的标记有无重复、操作符和操作数是否匹配使用、是否缺少操作数、操作数的编号是否超过规定的范围等错误,确定整个输入的字符串是否构成一个在语法上正确的程序等。检查中出现错误,就将错误所在的指令号、错误类型保存在一个动态数组中,该动态数组采用结构体形式的数据结构,如下所示:

```
struct Instrchk
{
    uint8   Mis_Instr_Numer[4];      //错误所在指令的指令号
    uint8   Mis_Operator[5];//错误的操作符
    uint8   Mis_Operand;        //错误的软元件类型
    uint16   Mis_Bit_Overange;   //软元件的编号越界错误
    uint8   Mis_ContactTyte[2];   //软元件的接点错误
    uint8   Mis_Match;   //操作符和操作数的匹配错误
};   struct Instrchk Instrcheck[50];
```

语义分析是分析整个句子是否符合 PLC 指令编程规则、数据的类型是否匹配、程序在逻辑上是否有错误等。利用语法制导翻译技术进行语义分析,用专门的语义动作来补充上下文无关文法的分析程序。优化代码是对程序进行等价变换,尽可能提高目标代码的运行速度。

有效使用多操作位逻辑运算指令,发挥其优势;对于具有相同位地址或者编号的软元件操作数,编写成一个独立函数,使用时只要调用即可,无须重复写在大函数中,节省空间,也缩小了大函数庞大的结构。

分析 PLC 源指令文件过程可能会出现词法、语法、语义、逻辑等错误,需处理错误。检查指令操作符和操作数是否匹配。检查指令操作数编号是否在规定的数据取值范围,例如,在应用指令中软元件 T 的编号范围为 0~255,如果识别出的常数不在此范围之内则报错。根据操作符的规则,检查操作数的个数是否在 PLC 指令的范围。

6.6　编译与反编译设计

6.6.1　源指令文件的编译

编程装置中编译的实现主要有翻译型和解释型两种方法,其中翻译型方法的编译过程是将用户源代码程序翻译为目标机器可识别的语言,并由硬件执行的过程,其优点在于生成目标代码后,目标机器执行效率高,占用资源小。解释型方法是将用户源代码程序直接在目标机器上逐条解释并执行,无须先将其翻译为目标机器代码,该方法需要将编译器直接植入硬件,其缺点在于源代码程序的运行过程中每一步都要对其进行解释,使程序运行效率相对低下,占用资源高,对于工业控制过程的高效性、高实时性要求是不利的。编程装置采用翻译型方法编译指令文件。

(1)指令编码

编码指令时,以字(32 位)为基本单位,即每条指令的字长以 32 位为基本单位,分为单字、双字以及多字指令;除了数据寄存器是 32 位的字单元外,其他软元件为位单位,比如,输入继电器 X0~X31 组合为 1 个字,定时器 T40~T71 组合为 1 个字等;数据以字为基本存储单位,每个数据的字长为 32 位,比如,数据寄存器为 32 位,定时器和计数器的定时、计数参数为 32 位。

一条指令包含指令号、操作符、操作数的类型及其编号,逻辑运算指令还包含操作数的接点类型。编码指令时,操作符采用四位二进制数编码,软元件采用基地址和位地址来编码,其基地址用三位二进制数编码,位地址用八位或十位二进制数来编码。接点类型有常开、常开上升沿微分、常开下降沿微分、常闭、常闭上升沿微分、常闭下降沿微分六种,后五种接点类型分别用 P,F,I,IP,IF 表示,用三位二进制数编码。其中信号的上升沿微分和下降沿微分表示经一个扫描周期后在信号的上升沿或下降沿输出。指令系统中软元件共有输入继电器 X、输出继电器 Y、辅助继电器 M、定时器 T、计数器 C、状态器 S 六种类型。每种软元件从 0 开始编号,软元件 X,Y,T,C 的编号数目各自最多有 256 个,软元件 S 的编号数目是 1 024 个,而各类软元件中编号数目最多的是软元件 M,共有 3 072 个。

在基本指令和步进指令中,软元件 X,Y,T 和 C 的位地址都是 6 位,软元件 S 的位地址是 9 位。软元件 M 以 1 024 个为一个单位,分为 M1,M2 和 M3 三种类型,其中 M1,M2 的位地址都是 9 位,M3 的位地址都是 11 位,在 M1 类型中位地址的范畴是 0~511,编码时直接按照其位地址的值编码,例如,指令"LDR M359I"中软元件 M 的位地址是 359,在 0~511 之间,故直接对其编码变换成二进制即可;在 M2 类型中位地址的范畴是 512~1023,编码时先将位地址减去 512,再根据减去后的值编码,例如,指令"LDR M559I"中软元件 M 的位地址是 559,在 512～1023 之间,故位地址 559 先减去 512,再对其值编码,转换成二进制即可;在 M3 类型中位地址的范畴是 1024～3071,编码时先将位地址减去 1024,再根据减去后的值编码,例如,指令"LDR M1359I"中软元件 M 的位地址是 1359,在 1024～3071 之间,故位地址 1359 先减去 1024,再对值 335 编码,转换成二进制即可。

在应用指令中,软元件 X,Y,T 和 C 的位地址都是 8 位,软元件 D 的位地址是 13 位,软元件 K 和 H 的位地址都是 16 位,软元件 V 和 Z 的位地址都是 3 位,软元件 S 的位地址是 10 位,软元件 M 分为 M1～M3 三种类型,分别为 1024 个,用十位二进制数分别对其位地址进行编码。在 M1 类型中位地址的范畴是 0～1023,编码时直接按照其位地址的值编码,例如,指令"LDR M859I"中软元件 M 的位地址是 859,在 0～1023 之间,故直接对其编码变换成二进制即可;在 M2 类型中位地址的范畴是 1024～2047,编码时先将位地址减去 2048,再根据减去后的值编码,例如,指令"LDR M1559I"中软元件 M 的位地址是 1559,在 1024～2047 之间,故位地址 1559 先减去 1024,再对其值编码,转换成二进制即可;在 M3 类型中位地址的范畴是 2048～3071,编码时先将位地址减去 2048,再根据减去后的值编码,例如指令"LDR M2359I"中软元件 M 的位地址是 2359,在 2048～3071 之间,故位地址 2359 先减去 2048,再对其值编码,转换成二进制即可。

在指令系统中,根据所分的三类指令,用高四位二进制数来编码区分指令类型,第二、三类指令的高四位分别是 0110,0111,第一类指令对应的是 0000～0101 和 1000～1101。

编码第一类指令时,按照操作位个数进行编码,每个 32 位二进制数的最低位设置为指令是否结束的标志位,每个 32 位二进制数能编码具有单个或两个操作位的指令。编码的每个字中最低位设置为指令是否结束标志。若指令是单操作位指令,则除了编码操作符、软元件的基地址和位地址、接点类型外,再用 2 位设置指令结束标志,其他为无关项置 1。若指令是双操作位指令,则用 17 位编码操作符与第 1 个操作位,用 14 位编码第 2 个操作位,用 1 位表示指令结束标志位。对 LD,OR 指令编码,若指令有偶数个操作位,则第 2 个、第 4 个、……、第 n(n 为偶数)个操作位的编码;若指令有奇数个操作位,则第 n(n 为奇数)个操作位的编码。

编码第二类指令比较简单,单操作数和无操作数指令的编码占用一个字即可,高 16 位用作操作符的编码,低 16 位用作操作数的编码。

编码第三类指令时仅考虑 48 条应用指令,每条指令包括操作符及其功能号、执行方式、操作数的类型及其转移地址。其中,操作符的功能号的范围是 0～47,采用七位二进制代码编码,用一位表示是否有脉冲执行方式。根据操作数的个数,将第三类指令分为无、单、双、三、四操作数指令五种类型,分别用不同数目的 32 位二进制数编码,便于存储 PLC 指令,节省占用的空间。应用指令的操作数有源操作数和目的操作数两种,其中源操作数有 T,C,D,K(十进制整数),H(十六进制整数),V,Z,$K_n X$,$K_n Y$,$K_n S$,$K_n M$ 共 11 种,目的操作数有 T,C,D,V,Z,$K_n Y$,$K_n S$,$K_n M$ 共 8 种,用四位二进制数编码这两类操作数的类型,再根据各个操作数类型的转移地址来编码。定时器 T 和计数器 C 输出指令代码后面是其运行状态信息与设置的参数,前者占用 5 位,数据寄存器 D 和参数的立即数标志各占 1 位,其余 24 位是 D 的字地址。根据操作数的个数,再将应用指令分为无操作数指令、只含 1 个操作数指令、只含 2 个操作数指令、只含 3 个操作数指令、只含 4 个操作数指令、只含 5 个操作数指令共 6 种类型,编码时提高编码效率。

（2）指令编译

编译 PLC 目标指令文件时，先对每条指令进行编译，再将每条指令编译的结果都存放在一个文件中，即 PLC 目标代码文件。在编译过程中，采用正则文法和有限自动机的原理来实现扫描功能，从 PLC 目标指令文件中逐个读取字符，生成一个个单词，再对不同的单词进行识别，分离出指令的操作符、软元件类型及编号、软元件的接点类型等信息。

编译 PLC 目标指令文件的流程图如图 6－12 所示。首先，从目标指令文件中读取一条指令，识别出其操作符；再根据操作符的类型，调用不同的编译函数；再将编译指令生成的二进制目标代码存储起来。按照此方法，将整个目标指令文件中所有指令全部编译完，最后生成目标代码文件。编译每条指令时，首先要识别出指令的操作符、操作数类型及其编号，当指令是多操作位逻辑运算指令时还得识别出操作数的接点类型，然后再进行编码。

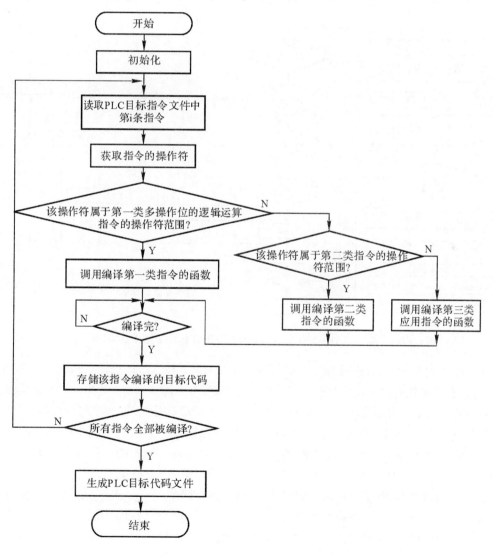

图 6－12 编译指令文件的总流程图

为了识别指令的操作符、操作数的类型及其编号等信息，建立了获取空格符的个数及其位置函数和截取子字符串函数 substr。获取空格符的个数及其位置函数用来获取每条指令中空格符的个数及其位置。根据空格符的个数来确定指令中操作数个数,从而确定存放目标代码的数组大小,以节省存储空间。截取子字符串函数识别出指令的操作符、各个操作数的类型及其编号,当指令是多操作位逻辑运算指令时还要识别出操作数的接点类型,分别存放在数组和指针变量中。获取操作数以字符串形式存在的编号后,使用把字符串转换成长整型数的函数 atoi 将操作数的编号转化为十进制数。

根据操作符判断出指令是多操作位逻辑运算指令的情况下,根据指令中空格的个数获取指令的操作符,若空格个数为 0,则根据指令的长度获得操作符,记录在数组中。若空格的个数大于 0,则根据第一个空格的位置,获取操作符。再识别出每条指令的各个操作数的类型及其编号、接点类型,识别的流程图如图 6-13 所示。

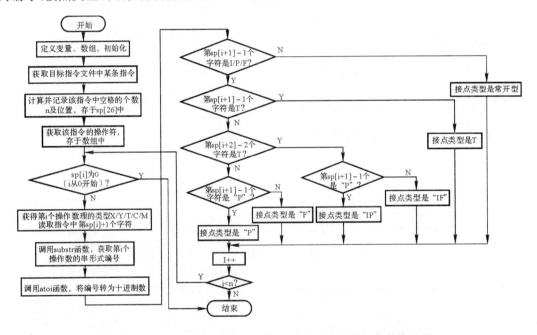

图 6-13　识别多操作位逻辑运算指令的操作符与操作数流程图

由于接点类型有 6 类,分别为 "　"、'I'、'F'、'P'、'IF'、'IP',所以根据空格符的位置判断接点类型时,必须先判断每个操作数的最后一位字符类型,然后再具体判断走哪一种接点类型。

编译多操作位逻辑运算指令的流程图如图 6-14 所示。首先,分离出指令的操作符,判断该操作符是否是逻辑运算指令的操作符,若是,则获得该条指令中空格符的个数,即操作位的个数;其次,分离出各个操作位的类型、编号及其接点类型;再次,若操作位的个数为 1,则用一个字编译即可;若操作位的个数为 2,则用一个字编译即可,指令结束标志位为 1;若操作位的个数大于 2,则操作符和第一个操作位按照编码规则编码第一个字,且指令结束标志位为 0,当操作位的个数是偶数 n 时,该指令共编译成 n/2 个字,第 2 个字到第 n/2 个字的编码按照编码规则即可,且从第 2 个字到第 n/2-1 个字,它们的结束标志位均为 0,第 n/2 个字的结束标志位为 1,当操作位的个数是奇数 n 时,该指令共编译成 n/2+1 个字,第 2 个字到第 n/2 个字的编码按照编码规则编译即可,它们的结束标志位均为 0,第 n/2+1 个字的编码按照编码规则即可。按此流程,将所有逻辑运算指令编译成二进制目标代码。

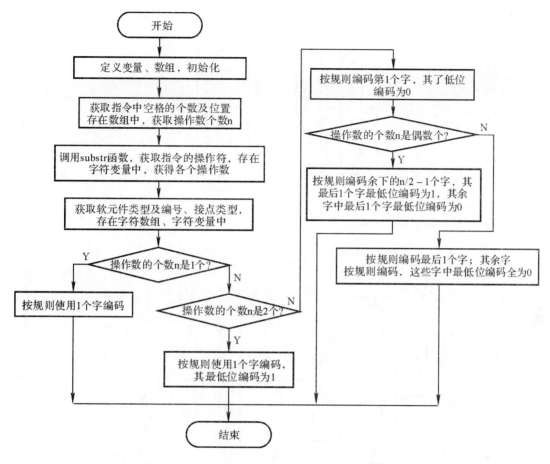

图 6 - 14　多操作位逻辑运算指令的程序流程图

根据操作符判断出指令是第二类和第三类指令的情况下,编译指令的流程图如图 6 - 15 所示。首先判断出指令的操作符是否属于第二类或者第三类指令的操作符,若是,再分离出指令的各个操作数、操作数的类型及其编号,然后根据这两类指令的编码规则表,将指令编译成二进制目标代码。

在该情况下,应用指令中操作数有 T,C,D,K,H,V,Z,K_nX,K_nY,K_nS,K_nM 共 11 种,其中 K_nM 分 K_nMI,K_nMII 二种类型,软元件 K_nX,K_nY,K_nS,K_nM 由位元件组合构成的。因此当操作数的类型为单个软元件 X,Y,M,T,C,D,K,H,V,Z 时,识别操作符、操作数的类型及其编号的程序流程图如图 6 - 16(a)所示。当操作数的类型为组合软元件 K_nX,K_nY,K_nS,K_nM 时,识别操作符、操作数的类型及其编号的程序流程图如图 6 - 16(b)所示。

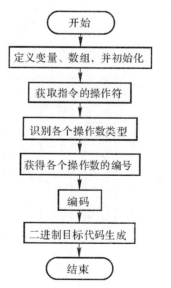

图 6 - 15　第二、三类指令编译的程序流程图

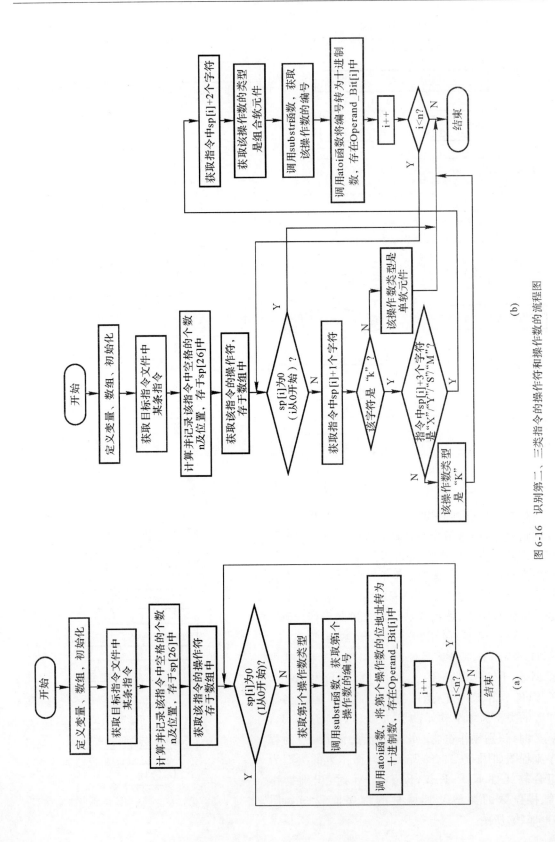

图 6-16 识别第二、三类指令的操作符和操作数的流程图

6.6.2 目标代码文件的反编译设计

反编译是将用户程序代码由低级语言转变成与其功能等价的高级语言的过程,是编译的逆过程。一个反编译器的典型架构,它利用机器依赖的模块获取机器代码,进行语法分析和语义分析,生成中间代码;使用中间代码生成控制流程图,进行数据流分析和控制流分析;最后生成目标高级代码。现有的反编译技术使用方法有静态分析和动态分析两种。书中采用静态分析方法对二进制目标代码文件进行编译,获得 PLC 源指令文件。

编程装置在接收了 PLC 主机发送的 PLC 程序后,将 PLC 程序即二进制目标代码文件编译成目标指令文件,反编译流程图如图 6 - 17 所示。

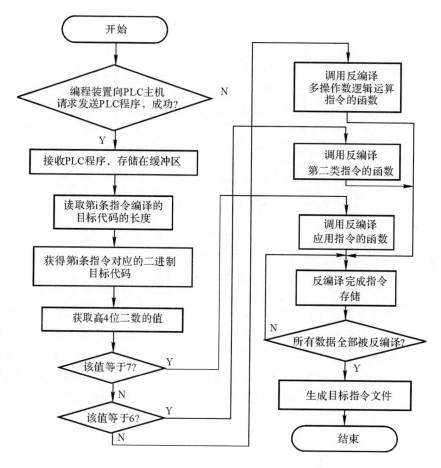

图 6 - 17 反编译目标代码文件的总流程图

从图 6 - 17 中可观察出,反编译时首先获得每条指令对应的二进制目标代码的长度。其次获得目标代码中最高四位的值,若该值为 7,则反编译的指令属于第三类应用指令;若该值为 6,则反编译的指令属于第二类指令;若该值不为 6 和 7,则反编译的指令属于第一类多操作位逻辑运算指令。再次,根据目标代码属于不同类型的指令,调用相应的反编译函数,反编译成 PLC 源指令。每条指令按此方式反编译后生成目标指令文件,再转化为 PLC 源指令文件。

（1）反编译的指令属于第一类多操作位逻辑运算指令

此时采用指令的操作符和操作位分别反编译该类指令。首先判断该指令对应的二进制数代码构成字的个数，其次根据字的个数来反编译。从指令对应的二进制数代码中获取最高四位二进制数的值，可得到操作符，反编译操作符的流程图如图 6-18 所示。

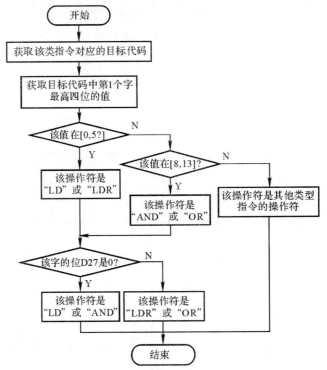

图 6-18　多操作位逻辑运算指令的操作符的反编译流程图

反编译各个操作位时，当指令的目标代码是 1 个字时，若判断出该字的 D14 至 D0 位全是 1，则该字对应的指令是单操作位指令，否则该指令是双操作位指令。对单操作位指令，其操作位的类型及其编号的反编译流程图如图 6-19 所示，其操作位的接点类型的反编译流程图如图 6-20 所示。对于双操作位指令，其操作符和第一个操作位的反编译流程与单操作位指令的操作符和操作位的相同，第二个操作位的类型及其编号的反编译流程图如图 6-21 所示，第二个操作位的接点类型的反编译类同单操作位指令的操作位的接点类型的反编译。

当指令的目标代码是 2 个字时，第一个字对应的源指令的反编译类同双操作位指令的反编译，对于第二个字，若其低半字全是 1，则该指令共有 3 个操作位，第三个操作位的反编译类同单操作位指令的操作位的反编译；若其低半字不全是 1，则该指令共有 4 个操作位，第三个操作位和第四个操作位的反编译类同双操作位指令的两个操作位的反编译。

当指令的目标代码是 3 个字或以上时，对于最后一个字，若其低半字全是 1，则该指令共有"字的个数减去 1 后乘 2 加 1"个操作位，最后一个操作位的反编译类同单操作位指令的操作位的反编译；若其低半字不全是 1，则该指令共有"字的个数乘 2"个操作位，即第一个字对应指令的操作符和第一、二个操作位，其反编译类同双操作位指令的操作符和两个操作位的反编译；其余的每个字分别对应两个操作位，其反编译类同双操作位指令的两个操作位的反编译。

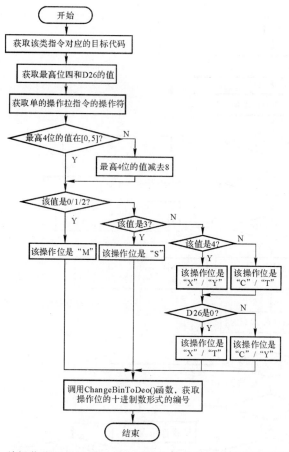

图 6-19　单操作位逻辑运算指令的操作位的类型及其编号的反编译流程图

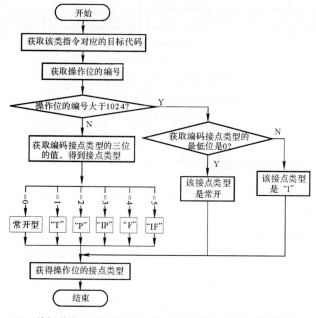

图 6-20　单操作位逻辑运算指令的操作位的接点类型的反编译流程图

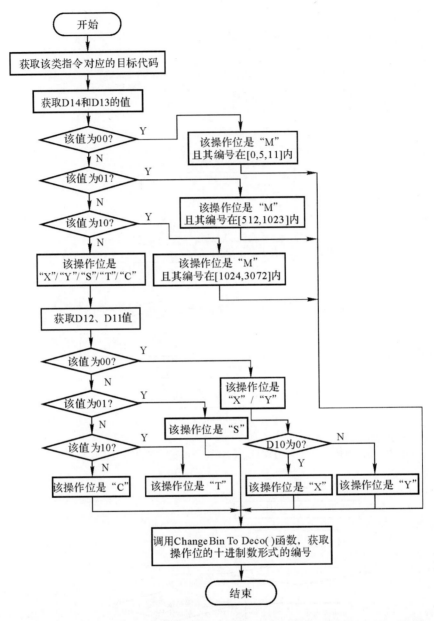

图 6-21 双操作位逻辑运算指令的第二个操作位的类型及其编号的反编译流程图

在该类指令反编译的过程中,主要使用高半字的编译函数、低半字编译函数、接点类型编译函数三个函数,分别如下:

```
static uint8 HighPart(uint32 data, char * buf, uint8 offsetAdd);//高半字的编译函数
static uint8 LowPart(uint32 data,char * buf) ;              //低半字的编译函数
static uint8 WriteIPF(uint8 Hadd,uint8 Ladd,uint32 data,char * buf);//接点类型编译函数
```

反编译操作位的编号时调用二进制转换为十进制数函数,如下所示:

```
uint32 ChangeBinToDec(uint8 high,uint8 low,const uint32 data);
```

(2)反编译的指令属于第二类指令

由于第二类指令只有无操作数指令和单操作数指令两类,所以对于无操作数对应的二进

制目标代码,其直接反编译即可;对于单操作数指令对应的二进制目标代码,其操作符和操作数反编译时,与单操作位逻辑运算指令的反编译类似。

(3)反编译的指令属于第三类应用指令

此时同样先确定每条指令对应的二进制目标代码构成字的个数,再根据字的个数,对指令反编译。

反编译该指令的操作符时,由于该类指令是根据功能号编码的,所以根据 D27～D21 七位二进制数的值辨别出指令的操作符。除了"SRET""IRET""EI""DI""FEND""FOR""NEXT""SPD""PLSY""PWM""IST"这 11 个操作符外,其他操作符分有无脉冲执行方式两种类型。因此当反编译的操作符不是上述 11 个操作符时,再判断 D20 值,当 D20 值为 0 时,表明操作符为无脉冲执行方式,当 D20 值为 1 时,表明操作符为有脉冲执行方式。

由于第三类指令共有无、单、双、三、四操作数指令五种类型指令,而无操作数指令共有"SRET""IRET""EI""DI""FEND""NEXT"6 个指令,其反编译时只要辨别出指令的操作符即可。对于有操作数的应用指令对应的目标代码,先识别出指令的操作符,再根据具体的每个操作符,反编译出各个操作数的类型及其编号,按照操作符与操作数之间、各个操作数之间均有一个空格符,构成一条应用指令。按此反编译方式,获得含操作数的应用指令,其流程图如图 6 - 22 所示。

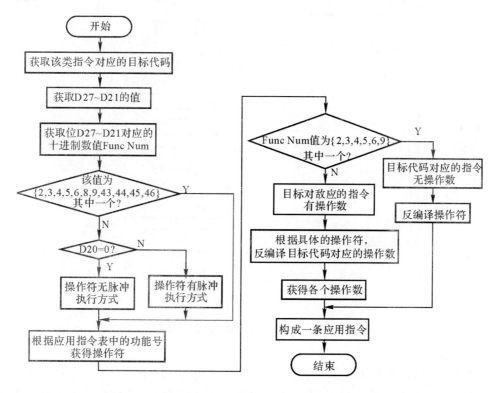

图 6 - 22　第三类指令的操作符和操作数的反编译流程图

(4)PLC 源指令文件的反编译

此时先从内存或者 SD 卡内,读取目标代码文件,或者接收 PLC 主机发送的 PLC 程序即目标代码文件,再从目标代码文件中获取每条指令对应的二进制目标代码,然后一条一条地指令反编译,最后生成目标指令文件,转化为 PLC 源指令文件,可显示在液晶屏幕上。

PLC 源指令文件的反编译的函数,函数如下:

void Decompiler_ObjCodeFile(uint8 ObjCodeFile[])

反编译时,将整个文件按 512 字节数一批一批反编译,最后不够 512 个字节的部分数据,再对其反编译,其流程图如图 6-23 所示。

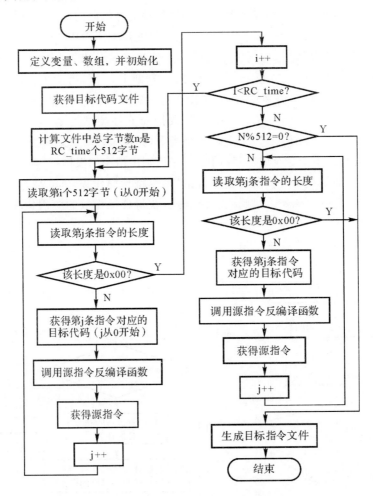

图 6-23　PLC 源指令文件的反编译流程图

6.7　数据的存储设计

书中存储的数据主要是 PLC 源指令文件。采用内存和 SD 卡两种方式存储源指令文件。其中,编辑指令文件过程中采用 FAT32 文件系统存储数据的方法来存储源指令文件,便于对其读写和修改。最终存储 PLC 源指令文件,是以目标代码文件的形式存储在非易失性 Flash 存储器中,存储指针对每条指令,先将其编译成目标代码,使用目标代码的字节数加上目标代码来存储,按照此方式,先将 PLC 源指令文件编译成十六进制形式的目标代码文件,再存储起来。

6.7.1　内存存储

LPC1768 ARM Cortex‐M3 微控制器内部含有 512 KB 片上 Flash 程序存储器和64 KB 片内 SRAM 存储器,用于存储系统程序和用户程序及 PLC 源指令文件、目标指令文件、目标代码文件、软元件的信息等数据。使用片上 Flash 的部分空间作为非易失性数据存储器。而 FX2N 系列三菱公司的手持编程装置内置 RAM 存储容量最大为 16 KB,程序存储8 000步,数据存储8 000点。西门子 S7‐200 系列的编程装置能程序存储 16 384 KB,数据存储 10 KB。相比较,分配片上 Flash 程序存储区的 224 KB 存储容量作为非易失性数据存储器,PLC 源指令文件以目标代码文件形式存储时最大占用 16 KB,因此 PLC 编程装置至少可存储 14 套 PLC 源指令文件,解决现有编程装置存储容量小、只能存储一套 PLC 程序等问题。

编辑 PLC 源指令文件过程中,为了高效率存储和访问数据,有效合理利用空间,易于对文件数据进行修改,并保证文件数据的正确性和完整性,因此采用 FAT32 文件系统的链式结构形式存储源指令文件,建立“文件分配表＋目录区＋数据区”格式的 PLC 文件系统来存取。其中,文件分配表用于记录整个地址空间的分配情况,记录每一个存储单元的使用情况和状态,负责分配每条指令的存储单元号的存储,例如表 6‐2 所示;目录区存放每条指令的首偏移地址即起始存储单元号,如表 6‐3 所示,实现数据的存储管理;数据区用于存储 PLC 源指令文件的数据,文件中每条指令以字符串的形式存储,首先将数据区划分了若干个存储单元,由于 PLC 指令有单操作数指令、双操作数指令和多操作数指令,所以每个存储单元的大小设置为 10 个字节。存储一条指令时,若一个存储单元不够使用,此时将其余的指令部分存储在下一个存储单元,若下一个存储单元再不能存储完,则就再使用下下一个存储单元来存储,按此方式存储,直到存储完整条指令。对 512 KB 片上 Flash 存储空间进行分类,扇区号为 0～22 的地址空间用于存储代码和程序,扇区号为 23～29 的地址空间用于存储二进制目标代码文件。

表 6‐2　文件分配表

0	1	2	3	4	5	6	7	8	9	10	11	…
1	2	0x0FFF	4	5	0x0FFF	7	0x0FFF+11	9	0x0FFF	0x0FFF	0x0FFF	…

表 6‐3　目录区

指令	指令的首偏移地址	指令的有效长度
指令 1	0x0000	24 个字节
指令 2	0x0032	23 个字节
指令 3	0x0064	20 个字节
…	…	…

存储每条指令中,文件分配表中每条指令的最后一个存储单元号的结束内容为“0x0FFF＋附加存储单元号”。在数据区内若一条指令能完全存储在一个存储单元内时,此时,文件分配表中指令的存储单元号的内容为 0x0FFF。若一条指令不能完全存储在一个存储单元内时,则将该指令使用若干个存储单元,同时在文件分配表中第 1 个存储单元号的内容由

0x0FFF 变为第 2 个存储单元号,第 2 个存储单元号的内容变为下一个存储单元号,最后一个存储单元号内的内容为 0x0FFF。若需在源指令文件中某条指令前插入一条指令,则插入的该指令存储在数据区最后一条指令的存储单元后面,同时在文件分配表中插入指令的前一条指令最后一个存储单元号的内容由 0x0FFF 变为"0x0FFF+插入指令的起始存储单元号",插入指令的最后一个存储单元号内容为 0x0FFF。从表 6-2 中可看出,2 号存储单元的内容为 0x0FFF,表明存储第 1 条指令,需要 3 个存储单元,在数据区中单元号为 0~2。7 号存储单元的内容为 0x0FFF+11,表明源指令文件中插入了一条指令,该指令的起始存储单元号为 11,也表明存储第 3 条指令也需要 3 个存储单元,在数据区中单元号为 3~5。

在 PLC 源指令文件中,当修改一条指令时,若该条指令的内容增加,指令超过了最大存储空间,则将增加的部分指令存放在最后一条指令的下一个存储单元,并记录下存储的存储单元号地址和有效数据长度;若删除该条指令的某部分,则删除那部分指令所占空间。

存储多套 PLC 源指令文件时,每个 PLC 源指令文件分配 16 KB 存储空间,再将这 16 KB存储空间分成以 10 个字节为单元的若干个存储单元。14 个文件在 Flash 程序存储器中的存储地址分配见表 6-4,每两个文件占一个 32 KB 的扇区。

表 6-4 14 个文件的存储地址分配表

文件名	起始地址~结束地址	大小	所在扇区号
文件 1	0x0004 8000~0x0004 BFFF	16 KB	23
文件 2	0x0004 C000~0x0004 FFFF	16 KB	23
…	…	…	…
…	…	…	…
文件 15	0x0007 8000~0x0007 BFFF	16 KB	29
文件 16	0x0007 C000~0x0007 FFFF	16 KB	29

编辑 PLC 源指令文件过程中,建立结构体形式的文件系统 g_PSF,如下所示:

```
structPLCFile
{
  uint8   PLCFile_Name[3];                        //文件名
  uint16  PLCSouFile_len;                         //文件长度
  uint8   PLCSouFile_SectorNumer;                 //存储扇区号
  uint8   SectorNumer_Halfflag;                   //扇区的前半空间//标志
  uint16  FAT_Table[MAX_SIZE];                    //文件分配表
  uint16  PLCSouFile_DIR[MAX_InstrNum];           //目录区
  uint8   PLCSouFile[MAX_SIZE][MAX_InstrLen];     //数据区
  uint8   PLCFile_CreatTime[8];                   //文件创建日期
};
struct   PLCFileg_PSF;
```

该 PLC 文件系统结构中包含了 PLC 源指令文件的文件名、文件长度、文件分配表、目录区、数据区和文件的创建日期,其中数据区最多存储 4 000 多条指令,每个存储单元最多存储10 个字节。还有存储 PLC 源指令文件的扇区号及其前半空间标志,可用于读取存储的目标代码文件。使用 IAP 命令存储 PLC 源指令文件时，由于使用 Flash 的每个扇区都是 32 KB，而 PLC 源指令文件最大只有 16 KB，所以设置文件存储的扇区号前半空间标志。

书中使用片内 Flash 作为非易失性数据存储器，利用在应用编程 IAP 技术存储 PLC 源指令文件。使用片内 Flash 过程中，将数据区和代码区分开，避免两者出现重合问题，破坏系统的程序代码空间。

调用 IAP 函数时，寄存器 R0 中的字指针作为形参，指向 RAM 中命令代码和参数，寄存器 R1 中的字指针作为输出参数，该字指针指向 RAM 用来存储函数执行的返回值即状态代码和结果。

定义 IAP 程序的入口地址：

♯define IAP_ROM_LOCATION0x1FFF1FF1UL

定义 IAP 命令表和结果值数据结构，将 IAP 命令表和结果值传递给 IAP 函数：

uint32　au32Command[5]；//IAP 命令表

uint32　au32Result[5]；　//IAP 结果值

定义函数类型指针，函数包含 2 个参数，无返回值。

typedef　void(∗ IAP) （uint32[]，uint32[]）；

IAP iap_entry；

设置函数指针：iap_entry＝(IAP)IAP_LOCATION；

调用 IAP 函数：iap_entry(command，result)；

IAP 命令见表 6－5。

表 6－5　IAP 命令表

IAP 命令	命令代码	IAP 命令	命令代码
准备写操作扇区	50	读 Boot 代码版本	55
将 RAM 内容复制 Flash	51	比较	56
擦除扇区	52	重新调用 ISP	57
扇区查空	53	读器件序列号	58
读器件 ID	54		

根据 IAP 命令编写准备写操作扇区的函数 u32IAP_PrepareSectors 和擦除扇区函数 u32IAP_EraseSectors，两个函数如下：

uint32 u32IAP_PrepareSectors(uint32 u32StartSector，uint32 u32EndSector)；

uint32 u32IAP_EraseSectors(uint32 u32StartSector，uint32 u32EndSector)；

在向 Flash 程序存储器中存储数据前，先利用准备写操作扇区和擦除扇区这两个函数，将存储的扇区擦除，再写入数据。使用 IAP 将 SRAM 中的数据复制到 Flash 时，源数据区来自片内局部总线上的 SRAM。将 RAM 内容复制 Flash 的函数 u32IAP_CopyRAMToFlash，函数如下：

uint32 u32IAP_CopyRAMToFlash(uint32 u32DstAddr， uint32 u32SrcAddr， uint32 u32Len)；

利用该函数将数据保存在 Flash 存储器中，即使编程装置不工作或者突然掉电，数据也不会丢失。为了验证复制到 Flash 中的内容是否与 RAM 中内容相同，编写比较两个存储器内容的函数 u32IAP_Compare,如下：

　　uint32 u32IAP _ Compare (uint32 u32DstAddr, uint32 u32SrcAddr, uint32 u32Len, uint32 * pu32Offset);

　　向片上 Flash 存储器中存储数据时,将目标代码文件按 512 个字节分批存储,当目标代码文件中所有数据存储完时,将自建的文件系统清空处理,待下一个 PLC 源指令文件的存储。存储目标代码文件时,先确定目标代码存储的扇区,再将目标代码按照每次 512 个字节大小,存入 LPC1768 的 Flash 程序存储器中。首先,确定目标代码文件存储的扇区,其主要程序如下：

　　memcpy(g_PLSName_Lib[PSF_Num],g_PSF. PLCFile_Name,strlen(g_PSF. PLCFile_Name)); PSF_Num＋＋;
　　switch(PSF_Num)
　　{ case1： g_PSF. PLCSouFile_SectorNumber＝22;g_PSF. SectorNumer_Halflag＝0;
　　……
　　case 16:g_PSF. PLCSouFile_SectorNumber＝29;g_PSF. SectorNumer_Halflag＝1;
　　}

　　利用 IAP 命令将目标代码文件按 512 个字节分批次存入 Flash 程序存储器,调用准备写操作扇区的函数、擦除扇区函数、将 RAM 内容复制 Flash 的函数和校验数据函数,完成存储,其流程如图 6－24 所示。其中如果目标代码文件中的字节数恰好是 512 字节数的倍数,则不用补 0;如果目标代码文件中最后一批数据的字节数不够 512 个字节数,则补 0,直到该批数据的字节数达到 512 个字节数,例如最后一批数据只有 500 个字节,此时需补充 12 个 0 的字节数。

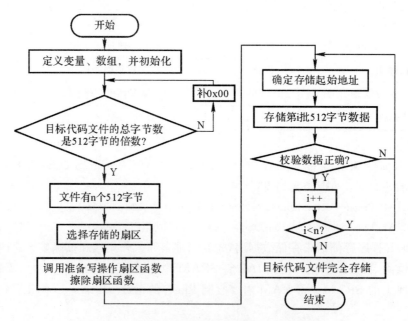

图 6-24　存储目标代码文件的流程图

　　从 Flash 程序存储器中读出时也分批读取,每次读取 512 个字节,直到将整个目标代码文件完全读取。读取目标代码文件时,先查找出文件所在的扇区号,再根据扇区号读取,其流程图如图 6-25 所示。

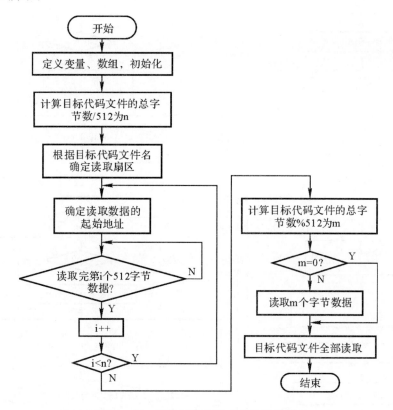

图 6-25 读取目标代码文件的流程图

当全部读取 PLC 目标代码文件时,为了验证读取的字节数是否正确,最后计算出读取的总字节数后,跟原先记录的目标代码文件比较,看是否相同,若相同,则说明读出的 PLC 目标代码文件正确,否则报错,重新读取。读取目标代码文件后,对其编译成目标指令文件,再将目标指令文件先按照自建的文件系统格式填充,转换为 PLC 源指令文件,可显示在液晶屏幕上。每条源指令按照自建的文件系统格式填充的流程图如图 6-26 所示。

6.7.2 SD 卡存储

SD 卡是一种基于闪存的存储卡,遵循 SD 总线和 SPI 总线两种模式,SD 总线使用 4 条数据线并行传输数据,传输速率高,但传输协议比较复杂,而 SPI 总线的传输协议较简单,但采用一条数据传输线,效率较低。选用 SD 模式时,要求 MCU 含有 SD 卡控制器接口,或者扩展 SD 卡控制电路。LPC1768 微控制器只有 SPI 接口,没有 SD 总线,因此采用 SPI 模式来访问 SD 卡。

SPI 总线是一种全双工串行外围设备接口总线,可处理多个连接到指定总线上的主机和从机。在数据传输过程中总线上只能有一个主机和一个从机通信。SPI 总线使用同步时钟线 SCK、主机输入从机输出线 MISO 和主机输出从机输入线 MOSI 三根线进行数据传输,还有主机对从机的一根低电平有效的片选信号线 CS。而 SPI 总线的同步时钟脉冲和片选信号由主机提供。

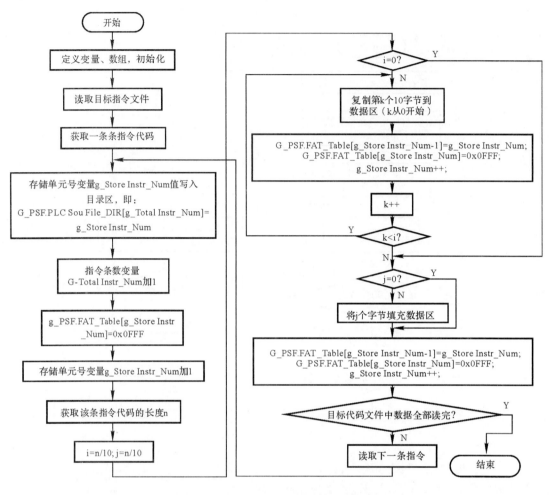

图 6-26   填充 PLC 文件系统的流程图

使用 SD 卡来存储数据时,PLC 源指令文件仍以二进制目标代码文件的形式存储。针对每条指令,在存储前先将其编译成二进制代码,再以十六进制形式采用其所占字节数加上目标代码存储在 SD 卡内,采用这种方法将整个 PLC 源指令文件存储起来。

整个 PLC 源指令文件存储时,先将其编译成目标代码文件,再存储在 SD 卡内。

SD 卡上的数据是以扇区的方式进行存储的,每个扇区通常是 512 个字节,因此,在存储十六进制形式的目标代码文件时,以 512 个字节为单位,分单位存储。编写写入函数如下:

uint8 SD_Write_Program(void);   //向 SD 卡内写入数据

该函数调用了写一个扇区的函数:

unsigned char SD_WriteSingleBlock(unsigned int sector, const unsigned char * buffer);

向 SD 卡写入数据的程序流程如图 6-27(a)所示。

读取 SD 卡上的数据时,分单位读取,每次读取 512 个字节。读完整个目标代码文件后将数据反编译成源指令文件,显示在液晶屏幕上。读取函数如下:

uint8 SD_Read_PLCObjProgram(void);

函数中调用了读一个扇区的函数：

unsigned char SD_ReadSingleBlock(unsigned int sector, unsigned char * buffer);

从 SD 卡读取数据的程序流程如图 6-27(b)所示。

向 SD 卡存储数据时，记录每套 PLC 程序存储的起止扇区号。

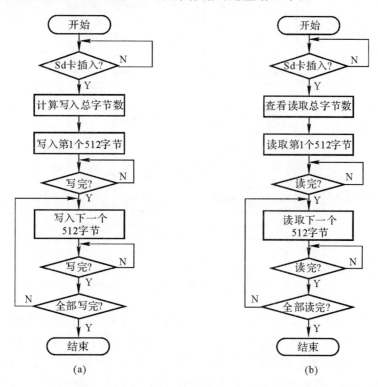

(a)　　　　　　　　　　　(b)

图 6-27

(a) SD 卡写入数据程序流程图；(b)SD 卡读取数据程序流程图

6.8　界面的设计

　　界面由液晶屏幕显示和矩阵键盘两个模块构成。矩阵键盘采用功能复用的方法设计，包括功能键、指令键、软元件符号键、移位键、执行键、空格键等，共有 35 个按键，其中，指令键分别与软元件符号键、数字键复用；功能复用键包括查询与创建、读出与写入、插入与删除、监视与强制、检错与其他键。液晶屏幕具有指令换行、上下滚动、刷屏等显示特点。

6.8.1　矩阵键盘的设计

(1)矩阵键盘的功能要求

　　PLC 编程装置中键盘完成对 PLC 源指令文件的查询(LUP)、创建(NEW)、插入(INS)、删除(DEL)、读出(RD)、写入(WR)、监视(MNT)、强制(FCE)、CAN 接收(CANR)、CAN 发送(CANS)、定时(TIME)、检错(CHK)等功能，通过硬件按键实现。

键盘采用 7×5 型矩阵式键盘,共有 35 个按键,分为功能键、指令键、数字键、软元件符号键、空格键、功能辅助键、移动键、执行键、清除键等,7×5 矩阵键盘的设计如图 6-28 所示。

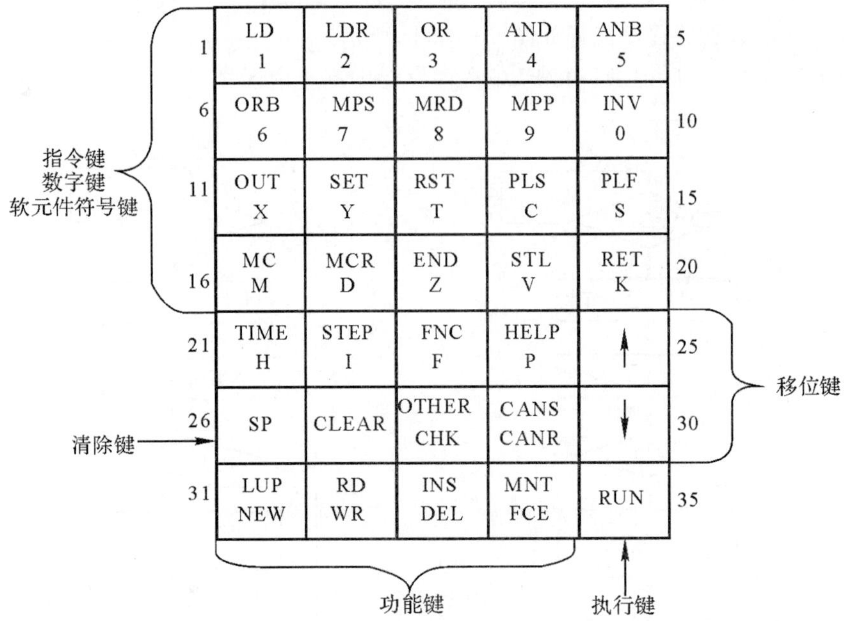

1	LD 1	LDR 2	OR 3	AND 4	ANB 5	5
6	ORB 6	MPS 7	MRD 8	MPP 9	INV 0	10
11	OUT X	SET Y	RST T	PLS C	PLF S	15
16	MC M	MCR D	END Z	STL V	RET K	20
21	TIME H	STEP I	FNC F	HELP P	↑	25
26	SP	CLEAR	OTHER CHK	CANS CANR	↓	30
31	LUP NEW	RD WR	INS DEL	MNT FCE	RUN	35

图 6-28 7×5 矩阵键盘的设计图

其中,功能键有 LUP(查询)、NEW(创建)、RD(读)、WR(写)、INS(插入)、DEL(删除)、MNT(监视)、FCE(强制)、CHK(检错)、TIME(时钟设置)共 10 种;功能辅助键是 HELP,用于显示应用指令表,按一下此键则显示应用指令的一览表,若再按一下,则不再显示应用指令一览表;指令键由 20 个基本指令和步进指令的操作符构成;数字键是 0~9;软元件符号键有 X,Y,T,C,S,M,D,V,Z,K,H,I,P,F;空格键是 SP,用在键入指令时指令号与操作数之间,各个操作数之间用空格符;移位键主要是针对光标和提示符进行操作,按上移键 ↑,则可将光标上移或者将提示符左移,在屏幕不能显示要查看所显示指令号之前的某条或者某些指令时上移光标,屏幕滚动显示,在需要修改或者删除指令中某一部分时左移提示符,按下移键 ↓,则可将光标下移或者将提示符右移,在屏幕不能显示要查看所显示指令号之后的某条或者某些指令时下移光标,屏幕滚动显示,在键入指令过程中需右移提示符;清除键 CLEAR 能清除键入的指令和错误信息,也可以取消先前的操作;执行键 RUN 用于指令的确认、执行、屏幕的切换、显示后屏幕的滚动和再搜索;按下 Time 键,可实现定时功能,实现日期和时间的重新设定。

查询是查看编程装置中所有创建 PLC 源指令文件的文件名、文件大小和创建日期,以便创建新 PLC 源指令文件、读写旧 PLC 源指令文件。查询功能的主要程序如下:

```
RD_PLCFile_Name[0]=Whole_Screen_Array[Cursor_pos+1];
RD_PLCFile_Name[1]=Whole_Screen_Array[Cursor_pos+2];
RD_PLCFile_Name[2]=Whole_Screen_Array[Cursor_pos+3];
```

创建主要是创建 PLC 文件,为其开辟足够大的空间。PLC 文件包括 PLC 源指令文件、PLC 目标指令文件、PLC 目标代码文件、ASCII 字符表、点阵字库表等。写入功能完成将 PLC

源指令文件以二进制目标代码文件形式存入片上 Flash 或 SD 卡内。读功能既能完成将 PLC 源指令文件从 Flash 程序存储器读出,并显示在屏幕上,又能完成将其从 SD 卡上读出。插入功能是在现有 PLC 源指令文件中插入追加的指令,并将其后的各条指令后移;删除功能是删除现有 PLC 源指令文件中指定的指令、或其操作符、或其操作数,并将其后的各条指令前移。监视功能是监视在联机方式下 PLC 主机的运行状态,检错以及强制功能是检测所有软元件的 ON/OFF 状态、当前值、设定值、导通检查和动作状态,并能对其 ON/OFF 状态、当前值、设定值实现强制功能。

编程装置与上位机、PLC 主机实现通信如串口接收与发送、CAN 总线的接收与发送等功能,其中,编程装置从 PLC 主机接收数据时,也实现将目标代码文件反编译成源指令文件;发送数据时,也实现将 PLC 源指令文件编译成二进制目标代码文件。针对同一个 PLC 主机,使用多个编程装置,当一个编程装置将二进制代码发给主机后被拿走或者用于别处,此时需利用另外一个编程装置接收将 PLC 主机发过来的二进制目标代码文件,并将其反编译成 PLC 源指令文件,以便查看与修改。

(2)矩阵键盘的功能实现

首先,编写键盘的驱动程序,采用中断方式来读取哪个按键是否被按下。查询思路是,先扫描 5 列中低电平,确定列数;再扫描 7 行中低电平,确定行数,这样就确定了所按的键所属的行列,读出键值。由于 LPC1768 微控制器有 4 个定时器,每个定时器包含 2 个 32 位的捕获通道,当输入信号变化时,可以捕捉定时器的瞬时值,也可以选择产生中断。所以在编写驱动程序时,使用定时器 0 既完成定时 10ms,消除按键被按下时的抖动操作功能,也完成中断功能,即实现矩阵键盘的定时扫描周期、检测按键的功能。

按键检测程序流程如图 6-29 所示。

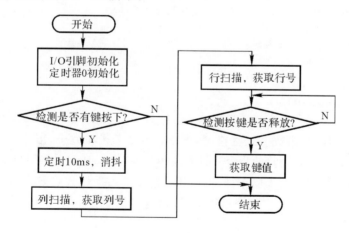

图 6-29　按键检测程序流程图

行扫描的部分程序如下:

```
for(i=ROW1;i<=ROW7;i++)
{
  LPC_GPIO1->FIOSET|=ROW_ALL_SET;　//行全部设置为输出高电平
  LPC_GPIO1->FIOCLR|=(1<<i);　//使某行输出低电平
  for(j=0;j<100;j++);
```

```
value=(LPC_GPIO1->FIOPIN>>COLUMN_ADD)&COLUMN_MASK;
//读 5 列中端口引脚的值
if(value! =COLUMN_MASK)   break;
}
```

列扫描的部分程序如下：
```
KeyValue=~value;
if (KeyValue&COLUMN1_MASK)   column=1;
else if(KeyValue&COLUMN2_MASK)column=2;
……
else if(KeyValue&COLUMN5_MASK)column=5;
elsecolumn=ERROR;
```
定时器的中断服务程序如下：
```
value=(LPC_GPIO1->FIOPIN>>COLUMN_ADD)&COLUMN_MASK;
    ……
column=ColumnScan(value);   //列扫描
if(column! =ERROR)
{   row=RowScan();//行扫描
        if(row! =ERROR)
        {   g_NewButtonValue=YES;
                g_ButtonValue=((row-1)*5+column);
        }
    }
    do{
value=(LPC_GPIO1->FIOPIN>>COLUMN_ADD)&COLUMN_MASK;
    }while(value! =COLUMN_MASK);//等待按键释放
    g_ScanState=IDLE;
    DelayMs(SCAN_CYCLE_MS);
    ……
```

其次，编写键盘的应用程序。

写入指令时，针对基本指令和步进指令，先通过指令键键入指令的操作符，再按一次空格键，再键入第一个操作数，再按一次空格键，再键入第二个操作数……最后按执行键 RUN 键结束，按此种方式键入一条完整的指令。针对应用指令，键入时无须使用指令键，只要按 FNC 键后，再按应用指令号即可键入操作符，再按基本指令键入操作数的方式键入各操作数，最后按执行键 RUN 键结束。在写入指令过程中，可以通过功能键查看或者修改已经键入的 PLC 源指令。

读出指令时，先查询到 PLC 源指令文件，按读功能键实现文件的读出。根据指令号读出某条指令，按 STEP 键，再键入指令号，则行光标指示出该条指令。读出 PLC 源指令文件后，可按移位键来查看各条指令。当需要修改该文件时，则先按写功能键，再对文件进行修改。

修改指令文件时，可以删除、插入某条指令。需改写指令号或者只需修改指令中的某一部分，则先将指令读出，再将键入提示符移动到指定修改处，键入新内容，再按 RUN 键即可。

删除指令时，分为字符删除、指定范围和文件删除。其中，指定范围删除时，从欲删除的起始指令到终止指令之间的程序全部删除，以后各指令自动向前移动。

插入程序时,首先根据指令号,读出指令,在指定位置上插入指令,插入指令以后指令号自动下移。

检测和强制软元件时,软元件的信息如 ON/OFF 状态、设定值及当前值、软元件的编号范围、有无当前值和设定值、能否强制 ON/OFF 等,见表 6-6。

表 6-6　软元件的信息表

软元件类型	编号范围	有无当前值	有无设定值	能否强制 ON/OFF
X	000~255	无	无	否
Y	000~255	无	无	能
S	000~999	无	无	能
T	000~255	有	有	能
C	000~255	有	有	能
M	0000~3071	无	无	能
D	0000~8255	有	有	否

检测导通时,根据指令号读出指令,监视软元件接点的导通及线圈动作状况;检测动作状态是利用步进指令监视指定 S 的动作状态,在屏幕上监视 S 地址从小到大、最多为 17 个点的动作状态。伴随着状态的移行,自动显示地址号,可知机械的动作情况。

实现强制功能时,先检测 PLC 主机的输出端口和所有软元件,再利用 SET 指令强制置 1,RST 指令强制复 0。可以对 PLC 主机的数据寄存器 D,V,Z 强制设置数据。

实现定时功能时,先按下 Time 键,再键入要设定的日期和时间,实现日期和时间的重新设定。LPC1768 微控制器中实时时钟 RTC 带有日历和时钟功能,能提供年月日等日期和时间信息,具有超低功耗、支持电池供电等特点。在 PLC 编程装置的设计中,使用实时时钟来实现定时功能,记录 PLC 源指令文件的创建时间。编写 RTC 系统时钟初始化、初始日期和时间的设定、新日期和时间的设置、日期和时间的读取等程序,完成时钟的定时功能。

6.8.2　液晶显示的设计

液晶显示器使用分辨率为 480×272 的高清 4.3 英寸的迪文智能显示终端,具有高亮、宽视角、阳光可视等特点,与西门子、三菱公司的手持式编程器中液晶屏相比,能够显示较大的屏幕,方便指令的操作,能清楚地显示 PLC 主机的控制状况和软元件的信息。液晶屏幕显示功能要求显示所需界面,包括登陆界面、查询界面、创建界面、读界面、写界面、监视界面、强制界面、设置日期和时间界面、检错界面等。

从 LPC1768 微控制器的 Flash 程序存储器中或者 SD 卡中读取 PLC 目标代码文件,将其反编译成 PLC 源指令文件,可显示在液晶屏幕上。通过 CAN 总线通信,PLC 编程装置接收 PLC 主机发送的二进制代码,再按照 CAN 扩展协议解码,获取 PLC 目标代码文件,再将其反编译,可得到 PLC 源指令文件,并显示在液晶屏幕上。

(1)液晶屏幕显示的功能要求

键入 PLC 源指令文件时,屏幕显示按制定格式显示,格式为指令号和操作符、操作符和操作数、各个操作数之间都只有一个空格符,各个操作数类型与其编号、操作数的编号与其接点类型之间无任何符号。屏幕上指令序列的显示规划如图 6 - 30 所示。屏幕上逐行显示指令,原则上每行只显示一条完整的指令,若一行不能完全显示一条指令,则换行显示余下的操作数。为了便于修改、存储数据,建立 PLC 源指令文件和液晶屏幕之间的关系,使读出的 PLC 源指令文件能按规定格式正确显示在屏幕上。屏幕显示具有上下滚动、刷屏等特点。当液晶屏幕上每行的最后一个字符是数字或者空格时,继续键入字符,不进行处理;当是接点类型的字符"F""I""P"时,则该接点类型的操作数换行显示,原先上一行的该操作数的字符全部不再显示;当是软元件类型时,则换行显示,上一行显示的该软元件类型不再显示。每次换行后显示的第一个字符,当显示的是数字时,首先删除上一行最后显示的操作符,再在该行显示整个操作符;当显示的其他字符时,不做处理。

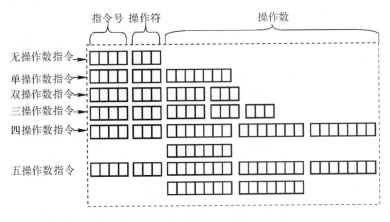

图 6 - 30　指令文件显示格式图

　　设计的液晶屏幕最多显示 9 行指令序列,每行最多显示 20 个字符。指令中构成操作符的字符个数最多是 5 个,最少是 2 个。键入指令过程中,当一个操作数恰好在行末尾被键入,且不能完全显示时,则从下一行的第一个操作数的第一个字符所在的列开始显示。键入应用指令时,在已建立的应用指令编号下,首先,按下 FNC 键,并显示"FNC";其次,再键入所用应用指令编号,并显示编号;最后,在显示指令编号的同时,自动显示指令的标识符,不再显示 FNC 和编号。例如,显示"09 NEXT",键入"FNC 09"并显示,则显示"NEXT",而"FNC 09"不再显示;显示"16 FMOV",键入"FNC 16"并显示,则显示"FMOV",而"FNC 16"不再显示,若已经指定了脉冲执行方式,则键入"P",结束。功能方式显示:在液晶屏幕的左上角上,按某功能键则显示相应的字符,例如,读出 RD 的字符是"RD",写入 WR 的字符是"WR"。

　　(2)液晶显示的功能实现

　　通过使用 LPC1768 微控制器的异步串口 UART2,编写程序向迪文液晶屏发送数据,显示所需信息。

　　建立数组形式的充屏文件 Whole_Screen_Array[238],使用串口发送函数编写充屏函数如下:

```
void  Fill_Whole_Screen (void)//充屏函数
{UART2_Write_nBytes(Whole_Screen_Array,238); }
```

　　只要在充屏文件中的某位填写数据,通过液晶屏发送,就可以在要显示的位置显示所要显示的内容,即可实现指令换行显示、滚动屏幕、刷新屏幕、屏幕左上角显示功能字符等功能。

　　以数组结构建立清屏文件 Clear_Screen_Array[8],编写清屏函数,在显示界面前,先调用该清屏函数,清屏,再向充屏文件中填写数据,调用充屏函数,就可以在屏幕上显示所需界面或者信息。清屏函数程序如下:

```
void   Clear_Screen (void)      //清屏函数
{   uint8 Clear_Screen_Array[8]={0xAA,0xBB, 0x05,0x82,0x00,0x00,0xFF,0xFF };
    UART2_Write_nBytes(Clear_Screen_Array,8);
}
```

　　(3)液晶显示的界面设计

　　启动 PLC 编程装置,接通电源,进入登陆界面,如图 6-31 所示。

　　该装置要求输入 10 位密码,若输入的密码错误,则给予密码错误提示,用户重新输入;若输入的密码正确,则进入主菜单界面,如图 6-32 所示。

图 6-31　登陆界面　　　　　　　　　　图 6-32　主菜单界面

　　当要查询已创建的 PLC 指令文件时,若按下查询键 LUP,则进入查询 PLC 源指令文件界面,如图 6-33 所示,可查看到指令文件的名称、大小和创建时间。

　　当需要重新创建的新 PLC 源指令文件时,若按下创建键 NEW,则进入创建界面,如图 6-34所示。

图 6-33　查询界面　　　　　　　　　　图 6-34　创建界面

　　当创建完新的 PLC 源指令文件时,按写入键,则进入写入界面,如图 6-35 所示。在该界面时,可进行删除、插入指令等修改操作。

　　当要查看已创建的 PLC 源指令文件时,先进入查询界面,移动光标到要查看的文件名前,按下读功能键,则屏幕上显示所要的指令文件,如图 6-36 所示。在此界面上,可对指令文件进行修改操作。

图 6-35　写入指令文件界面

图 6-36　读指令文件界面

　　当创建完 PLC 源指令文件时,编制好 PLC 指令后,指令可能会出现不同类型的错误,故需要对其进行检错处理,按 CHK(检错)键,则进入检查 PLC 源指令文件是否有错的界面,如图 6-37 所示。若没有错误,则显示"NO ERROR";若出现错误,则提示哪一条指令出现哪种错误类型,并作出相应的改正。

　　当要监视 PLC 主机的工作状态和检测软元件的信息时,按 MNT(监视)键,则进入监视界面,如图 6-38 所示。监视 PLC 主机的工作状态如图 6-39 所示,当监视出 PLC 主机的工作状态时会显示出来。当监视到 PLC 主机处于运行状态时,移动光标,进入检测软元件的信息界面,如图 6-40 所示,先键入软元件的编号,再按执行键,则可检测出指定软元件的信息。

图 6-37　PLC 程序查错界面

图 6-38　监视界面

图 6-39　监视 PLC 主机的工作状态界面

图 6-40　检测软元件的信息界面

当需要强制设置某软元件的信息时,按 FCE(强制)键,则进入强制界面,如图 6-41 所示,可强制指定软元件的 ON/OFF 状态,强制设置 T,C,D,Z,V 的当前值,强制设置 T 和 C 的设定值。

PLC 编程装置启动后,为了记录创建指令文件时的时间,在开机后先按下定时键,进入定时界面,如图 6-42 所示,对时间进行设置。

 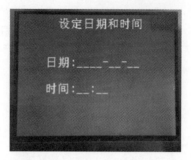

图 6-41　强制设置软元件的信息界面　　　　图 6-42　定时界面

当要查看 PLC 应用指令的操作符时,按帮助键,则可显示指令系统中的应用指令表,如图 6-43 所示,按移位键移动光标可显示其余应用指令的操作符。

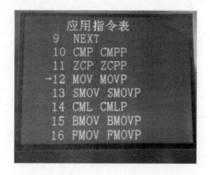

图 6-43　应用指令表显示图

6.9　通信接口

利用接口技术通过异步串行口 UART 实现 PLC 编程装置分别与上位机、迪文液晶 DGUS 屏之间的通信,通过 CAN 总线实现与 PLC 主机的通信。

6.9.1　串口通信

LPC1768 异步串行口具有四个异步串行口 UART,本编程装置使用其 UART0 向 PC 机发送数据,发送数据时采用中断的形式。使用其 UART2 向迪文液晶 DGUS 屏发送数据,发送数据时采用中断的形式。

迪文液晶 DGUS 屏采用异步全双工串口,采用每个数据以 10 个位为单元的模式来传输,其波特率通过 SD 卡来配置。串口是以十六进制形式的所有指令或者数据传输的,对于字型数据,总是采用高字节先传送方式。先使用 DGUSV 4.9 配置软件配置好 DGUS_SET 文件,再将 DWIN_SET 文件拷贝到 SD 卡上,下载到屏。在通过发送命令显示文本时,迪文液晶 DGUS 屏采用的串口数据帧架构是由 5 个数据块组成的,见表 6-7。表中用于访问数据存储器的 0x82 和 0x83 命令,0x82 表示从指定地址开始写入数据串(字数据)到变量存储区,0x83 表示从变量存储区指定地址开始读取一定长度字数据。一个数据包能够传送的最大数据长度是 254 个字节。

表 6-7 迪文液晶 DGUS 屏的串口数据帧架构

数据块	1	2	3	4	5
定义	帧头	数据长度	指令	变量地址	数据
数据长度	2	1	1	2	N
说明	CONFIG.TXT 配置文件的 R3: RA 定义	数据长度包括指令和数据	0x80～0x84	数据的起始地址	

程序中采用的指令帧头为 0xAA,0xBB,变量地址为 0x00,0x00,用 0x82 写命令时,按字来进行操作,因此显示奇数个字符时,需要补充空格的编码 0x20。

6.9.2 CAN 总线通讯

CAN(控制局域网)是串行数据通信的一种高性能通信协议,用来构建功能强大的局域网,可用于分布式实时控制,在工业领域中发挥着重要作用,能大大精简线缆,且具有很强的监控功能。

LPC1768 微控制器的 CAN 控制器有 2 条 CAN 通道,CAN 模块由控制器和验收滤波器组成,所有的寄存器和 RAM 都以 32 位的字宽度来访问。通用 CAN 具有兼容 CAN 规范 2.0B 和 ISO11898-1、传输速率可编程、可传输 0～8 字节的数据长度、强大的错误处理能力等特性。CAN 控制器支持 11 位标准标识符和 29 位的扩展标识符,具有双重接收缓冲器和三态发送缓冲器。验收滤波器具有快速的硬件实现搜索算法,支持大量的 CAN 标识符。全局验收滤波器识别所有 CAN 总线的 11 位和 29 位的 Rx 标识符;允许 11 位和 29 位的 CAN 标识符的明确定义和分组定义;验收滤波器可为被选中的标准标识符提供 FullCAN-style 自动接收。书中使用 11 位标准标识符。

为了远程监控 PLC 主机的工作状态,检测和强制软元件的 ON/OFF 状态、当前值和设定值、导通检查和动作状态等信息,该编程装置通过 CAN 总线实现与 PLC 主机通信。

针对通信的数据量大、复杂的特点,设计时扩展了 CAN 通信协议。由于编程装置与 PLC 主机通信的数据种类和数据类型较多,所以采用顶层和底层来自定义 CAN 扩展协议格式,其中,顶层定义基本通信格式,采用"数据帧头＋数据长度＋源 ID＋目标 ID＋命令＋数据区＋CRC 校验码＋数据帧尾"的格式,见表 6-8;底层定义数据区通信格式,采用"帧系列域＋数据长度＋数据"格式,见表 6-9。

表 6 - 8　CAN 扩展协议顶层的基本格式表

名称	字节数	说明
数据帧头(0x68)	1	一帧数据的起始标志位
数据长度	2	整帧数据的长度
源 ID	1	发送数据的源设备地址
目标 ID	1	接收数据的目标设备地址
命令	1	操作类型
数据类型	1	发送数据的类型
数据号	2	数据存储的地址或者软元件编号或者 0xFFFF
数据区	可变	数据最少可以是 0,最多 65524 个字节
CRC 校验码	2	从数据帧头开始到数据区的 CRC 校验
数据帧尾	1	一帧数据的结束标志

表 6 - 9　CAN 扩展协议底层的格式表

名称	字节数	说明
帧系列域	1	各帧之间传输的变化规则
数据长度(指令 i 的字节长度)	1	一条指令编译后的 8bits 长度
数据(指令 i 的数据)	可变	一条指令的编译结果(高字节先发) 如:CJ P10 :0x70115FFF 发送顺序:04 70 11 5F FF

表 6-8 中命令有 12 种,见表 6-10。

表 6 - 10　命令种类表

命令名	命令号	命令名	命令号	命令名	命令号
读	0x00	上电回应	0x04	中断读	0x08
写	0x01	外设接入	0x05	中断写	0x09
改写主机状态	0x02	主机通告编辑状态	0x06	下载程序	0x0A
主机查询	0x03	主机通告运行状态	0x07	下载参数	0x0B

表 6-8 中数据类型有 11 种,见表 6-11。

表 6 - 11　数据类型种类表

数据类型名	数据类型号	数据类型名	数据类型号
PLC 用户程序	0x00	软元件 C(计数器)	0x06
软元件 X(输入继电器)	0x01	软元件 T(定时器)	0x07

续 表

数据类型名	数据类型号	数据类型名	数据类型号
软元件 Y(输出继电器)	0x02	软元件 V(数据寄存器)	0x08
软元件 S(状态器)	0x03	软元件 Z(数据寄存器)	0x09
软元件 M(辅助继电器)	0x04	用于主机查询,上电回应等	0xFF
软元件 D(数据寄存器)	0x05		

表 6-8 中数据号有 3 种,见表 6-12。

表 6-12 数据号种类表

数据号名	数据类型号
PLC 主机存储数据的起始地址	2 个字节,例如,当数据号为 0x0000 时表示在 NorFlash 地址偏移 0x0000 处
软元件的编号	PLC 软元件(X/Y/S/T/D/M/C)的编号
主机查询、上电回应等不用到数据类型	0xFFFF

表 6-9 中帧系列域占用 1 个字节,各位的说明见表 6-13。数据长度和数据两项最大的填充长度是 512 个字节,但如果填充第 n 条指令后,数据区长度大于 512 字节,则将第 n 条指令放入下一帧传送,并在第 n-1 条指令后写入一个 0(长度位为 0),标志不满 512 字节。

表 6-13 帧系列域表

位数	说明
7~2 位	帧计数器位,0~63 循环计数
1 位	起始帧标志 FIR
0 位	结束帧标志 FIN

1,0 位组合表示: 00:多帧的中间帧
01:多帧的结束帧
10:多帧的第一帧
11:单帧

PLC 编程装置在发送程序前,先将数据按照 CAN 扩展协议格式填充、编码;在接收数据时,在接收完后先按扩展协议格式解码,根据计算算法算出循环冗余 CRC 校验码,当计算和接收的 CRC 校验码相等时,表明接收的数据正确,若不同,则表明通信过程中出现问题,继续再次发送。根据解码内容,PLC 编程装置监控 PLC 主机是处于运行状态还是处于编辑状态,其程序流程如图 6-44 所示。

当监控到 PLC 主机处于编辑状态时,编程装置先将二进制目标代码文件按照 CAN 通信扩展协议格式,填充与编码,再发送到 PLC 主机,其程序流程如图 6-45 所示。当监控到 PLC 主机处于运行状态时,PLC 编程装置接收 PLC 主机发送的二进制代码程序,其程序流程如图 6-46 所示,接收完后将其解码,并对其反编译,获得 PLC 源指令文件;还可以检测软元件的信息,并可对软元件强制设置数据,其流程图如图 6-47 所示。

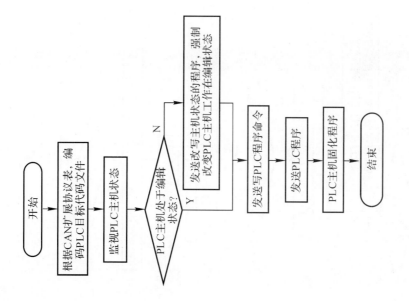

图 6-45　编程装置发送目标代码文件的程序流程图

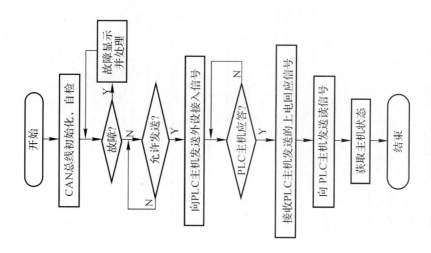

图 6-44　编程装置监控主机的程序流程图

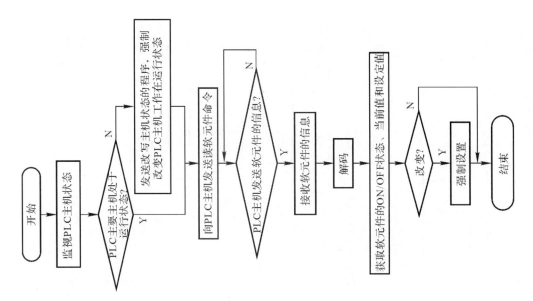

图 6-47　检测和强制软元件信息的程序流程图

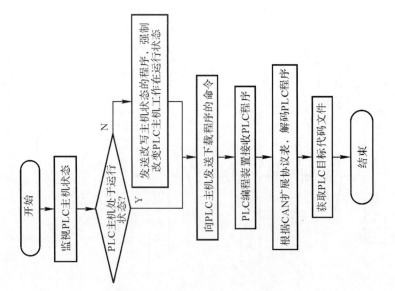

图 6-46　编程装置接收目标代码文件的程序流程图

第7章 CL型PLC程序PC编辑软件

7.1 开发环境

PLC程序PC编辑采用Visual Studio 2010开发工具作为软件开发环境,支持面向对象语言C++功能、MFC图形界面开发和STL算法开发。Visual Studio是微软公司提供的集成开发环境,专门用来在Windows操作系统上开发软件,它与其他开发工具相比,不存在兼容性问题,且稳定性很高,在语言上支持VB,C♯,NET,ASP,C/C++等几乎所有流行编程语言。

MFC的全称为Microsoft Foundation Classes(微软基础类库),是由微软公司编写的一套专门用于Windows编程的C++基础类库,它封装了Windows API的绝大多数功能,这个类库中包含了一百多个程序开发过程中最常用的对象,为用户建立了非常灵活的应用程序框架,使得程序代码大大减少,程序也更便于调试。

STL的全称为Standard Template Library(标准模板库),里面封装了常用数据结构与算法,在使用时可不用自行编写数据结构与算法实现函数,运用C++中泛型编程思想,选用适合的容器作为数据结构,高度体现了软件的可复用性以及可扩展性。STL已经容纳于C++标准程序库中。

7.2 软件结构

PC编辑软件的总体框图如图7-1所示。

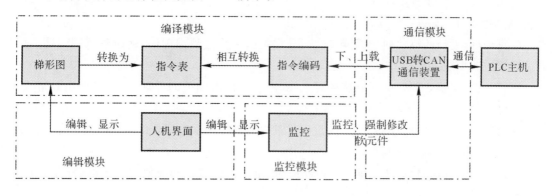

图7-1 PC编辑软件的总体框图

PC编辑软件主要包括编辑模块、编译模块、监控模块和通信模块。编写PLC梯形图与指令表是通过编辑模块完成的,编辑界面可对梯形图与指令表进行编写程序,实现插入、删除、修改、新建程序、打开程序、保存程序等基本编辑功能。编译模块的主要功能是将指令表、指令编码相互转换,梯形图转换为指令表,同时也能检查转换过程中编辑程序的语法错误,PLC 主机只能执行指令编码,因此该模块是将容易编写的高级语言梯形图和指令表转换为机器能够识别的指令编码,并且拥有查错功能,能查找出 PLC 语言语法的准确性,该模块的转换正确性与完整性直接影响 PLC 执行的正确性。

监控模块完成 PLC 主机的软元件值通过通信模块上传到 PC 上位机中,并显示出来,也可以通过 PC 上位机修改 PLC 主机中的软元件值,达到监控 PLC 主机的功能。

USB 转 CAN 通信装置主要完成上位机与主机通信功能,完成下载、上传程序和监控 PLC 主机等操作。由于 PLC 主机在设计中主要由 CAN 与外界进行通信,而 PC 机通信中,由于手提式计算机或台式计算机都拥有 USB 接口,并且方便易用,因此选用 USB 接口进行通信。设计 USB 转 CAN 装置进行上位机与 PLC 主机的通信。通过制定好的通信协议设计出协议帧,完成程序的下载功能,同时也可以将程序上传到上位机中。检查 PLC 主机中运行的程序,将 PLC 主机的软元件值通过该装置传输到上位机达到监控功能。

7.3 软件功能

(1)软件界面的设计要求

1)梯形图与指令表的程序编写;

2)梯形图与指令表的新建、打开、保存功能;

3)梯形图与指令表的添加、删除、插入功能;

4)查找梯形图与指令表某行梯形图形元件或指令功能。

(2)数据结构与算法的设计要求

1)设计出存储梯形图、指令表、指令编码的数据结构;

2)设计出梯形图语言、指令表语言、指令编码相互转换的算法。

在设计数据结构与算法时,应遵循以下几点:

①正确性,算法至少要输入、输出和加工处理无歧义,并且可以正确反映问题的需求,以及正确得到问题的答案;

②可读性,设计的算法便于阅读、理解和沟通,因为算法越难理解,就越难找到问题,对于调试和修改就更难了;

③健壮性,当输入的数据不合法的时候,算法也能给出相关的处理,而不是产生异常或者莫名其妙的错误;

④时间效率高和空间存储量低,满足用尽量少的内存和尽量缩短的运行时间去完成算法。

(3)监控软元件的设计要求

1)能够将正在运行的 PLC 软元件的状态值、定时器计数器当前值和设定值、寄存器 D 当前值传输到上位机并显示出;

2)运行稳定并且数据实时性强;

3)监控软元件功能不会影响到 PLC 主机的正常运行。

(4)强制输出的设计要求

1)能够对软元件 Y 进行强制输出功能;

2)强制输出功能只能在 PLC 暂停运行时使用。

(5)基于上位机与 PLC 主机应用层通信协议的定制要求

1)完成程序上传与下载的通信功能,完成监控软元件以及强制输出功能的通信功能;

2)确保实现每种通信情况的实现;

3)通信出错时,会有提示对话框提示失败原因。

(6)USB 转 CAN 通信装置的设计要求

1)完成上位机与 PLC 主机通信功能;

2)传输过程中,不会出现丢数据情况;

3)通信传输的实时性好;

4)设计的硬件尽量小巧、使用方便。

7.4　编　辑　界　面

编辑界面指对软件的人机交互、操作逻辑、界面美观的整体设计。好的界面设计不仅让使用者操作更加简单、直观,还要让软件变得舒适、自由,充分体现软件的定位和特点。PLC 程序编辑界面是系统与其用户打交道的工具,也就是常说的人机交互界面,是进行面向对象开发图形编辑首要考虑的问题。它的设计不仅能够为使用者提供一个良好的使用环境,而且好的编辑界面会提高对程序编写的效率。

7.4.1　指令表编辑界面的设计

指令表编辑界面主要分为菜单栏、工具栏、视图编辑窗口、编译输出栏四个部分,如图7-2所示。

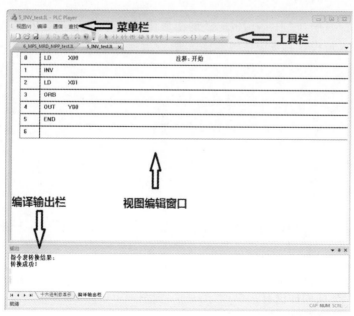

图 7-2　指令表编辑界面

软件大部分功能都集中在菜单栏上,点击菜单栏上的按键可弹出一个下拉菜单,里面拥有各种对该软件的操作。视图按钮集成了新建、打开、保存功能,是对文件的指令表编辑文档进行操作;编译按钮包括指令表与指令编码转换功能;通信按钮包括下载、上传、监控软元件、强制输出功能;而查找按钮包括指令表的查找功能。

工具栏主要是为了使用软件时,某些功能很常用,在工具栏上显示,可以方便调用该功能。本设计包括一个常用工具栏和一个梯形图工具栏。常用工具栏包括了新建、打开、保存、复制、粘帖、打印等功能;梯形图工具栏包括了各类梯形图元件以及对梯形图相关操作的功能。

视图编辑窗口主要完成对指令表的编辑与显示功能,编辑界面按行显示指令,每按下编辑界面,会弹出如图 7-3 所示对话框。

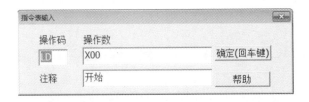

图 7-3 指令表的输入对话框编辑界面

该对话框可以输入当前指令表的操作码、操作数、注释。当按下确认键时,可将输入的该行指令显示在指令表编辑界面上。

编译输出栏是在指令表编写完成后,按下转换按钮为指令编码,程序自动调用词法、语法检查程序是否有误,并显示错误提示或转换成功提示栏目,它能很方便地定位指令表错误来源以及错误原因。

7.4.2 梯形图的编辑界面设计

梯形图是 PLC 编程语言中运用最广泛的图形化语言,因为它与继电器类线路图相类似,且程序简单,编程人员很容易掌握该图形化语言。

编辑的梯形图界面如图 7-4 所示。

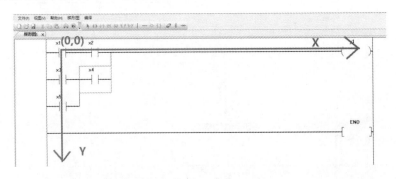

图 7-4 梯形图的编辑界面

梯形图的编辑界面同样也有菜单栏、工具栏、视图编辑窗口、编译输出栏四个部分,唯一的区别是视图编辑窗口,编辑显示的是梯形图。

梯形图的编辑界面左右两边为两根左、右母线,最后一行为图形元件 END,作为结束图形元件,梯形图的每一个图形元件都有对应的坐标,水平轴为 X 轴,垂直轴为 Y 轴,元件左上角第一个图形元件坐标为原点坐标(0,0),每向右移动一位,横坐标加一,每向下移动一位,纵坐标加一。以选定的图形元件为例,该元件的坐标为(1,1)。方框为选中的要输入的图形元件,双击方框的梯形图界面,会弹出梯形图的输入对话框,梯形图的输入对话框如图 7-5 所示。

图 7-5　梯形图的输入对话框编辑界面

梯形图的输入有 1 个编辑控件,用来输入软元件;1 个下拉控件,用来输入梯形图图标;2 个按钮,其中一个确认按钮,在按下按钮后,将输入的梯形图加载到后台保存的梯形图数据结构中,并将该梯形图显示到梯形图编辑界面中。

工具条设计主要是为菜单栏中的有关菜单命令设置一个相关的图符按钮,以便快捷、直观地对 PLC 程序编辑操作。它一般位于菜单栏的下面成为窗口的一部分,也可浮动到窗口的任何地方,用户可以根据自己的习惯进行位置的选择。在使用梯形图编程时,将图形元件显示于梯形图编辑界面,将方便梯形图的写入。在 PLC 编辑软件系统中设置了系统工具和绘图工具,两个工具栏新建一个工具条,并绘制所有图形元件,如图 7-6 所示。

图 7-6　梯形图写入图形元件工具条

工具条的每一个图形元件所代表的意义如下:

① ⊣⊢:常开逻辑触点,用于常用基本指令 LD,AND,OR;

② ⊣/⊢:常闭逻辑触点,用于常用基本指令 LDI,ANDI,ORI;

③ ⊣↑⊢:上升沿逻辑触点,用于常用基本指令 LDP,ANDP,ORP;

④ ⊣↓⊢:下降沿逻辑触点,用于常用基本指令 LDF,ANDF,ORF;

⑤ ⊣○⊢:基本指令输出,用于基本指令 OUT;

⑥ ┙┝:并联常开逻辑触点,用于常用基本指令 OR;

⑦ ┙/┝:并联常闭逻辑触点,用于常用基本指令 ORI;

⑧ ⊣□⊢:功能指令,用于所有功能指令;

⑨ ＿＿:横向加一条线;

⑩ |:纵向加一条线;

⑪ ─✕─:删除横向一条线;

⑫ ✳:删除纵向一条线;

⑬ ▱:擦除选中元件。

7.4.3 界面编程机制

基于 MFC 开发界面时,要运用 MFC 专有的编程机制开发上位机,可有效地实现界面设计。

(1)多文档多视图结构

在编写梯形图和指令表程序时,编写的梯形图或指令表文件往往不止一个,并且界面需要完成程序的存储和显示功能,而 MFC 中多文档多视图结构可以完成以上功能,让界面能同时显示多个视图显示界面文件,同时后台也有多个文档与每个视图相对应,来存储 PLC 程序,达到多文档多视图功能。

在文档/视图结构里,视图是数据的用户界面,可将文档的部分或全部内容在其窗口中显示。文档对象只负责数据的管理,不涉及用户界面;视图对象只负责数据输出和与用户的交互,可以不考虑数据的具体组织结构的细节。

在指令表编辑界面中,文档类是对指令表的存储和运算处理,而视图类则用于对指令表的显示。在本设计中每一个文档类对应一个视图类,在建立工程之后,只存在一个文档类和一个视图类,对应梯形图的文档类、视图类和框架类,因此需要自行建立一套对应指令表的类结构。先派生出新的指令表文档类 CILDoc 和视图类 CILView,再新建一个新的菜单资源,与此相关联,最后调用 CPLCPlayerApp 中虚函数 InitInstance(),键入如下代码:

```
CMultiDocTemplate * pDocTemplateIL;
pDocTemplateIL=new CMultiDocTemplate(IDR_ILFrame,
    RUNTIME_CLASS(CILDoc),
    RUNTIME_CLASS(CChildFrame),
    RUNTIME_CLASS(CILView));
if (! pDocTemplateIL)
    return FALSE;
AddDocTemplate(pDocTemplateIL);
```

将指令表中视图类、文档类联合起来。这样指令表的多文档多视图结构就建立起来了。

(2)消息驱动机制

消息是一个报告事件发生的通知,在 MFC 编程中,是以消息来驱动事件的,PLC 程序编辑界面其实是一个个窗口组成的,每个窗口都在等待消息,在对窗口进行操作后,就会产生出对应的消息,并发给操作系统,操作系统将该消息包装好,发送给消息队列,再一个个从消息队列中取出消息并发给相应的窗口,在窗口收到消息后,通过消息响应函数调用消息相应的函数,完成消息驱动事件功能。例如在鼠标左键按下指令表编辑视图后,发出鼠标左键点击视图消息,视图窗口接收到该消息后,调用鼠标左键点击事件函数,在函数中调用指令表编辑对话框,完成指令表的编辑功能。

(3)重绘机制

重绘机制完成的功能是刷新窗口,让因某项操作更改的窗口,重新更新显示在界面上。当需要改变所要显示的内容时,MFC 主动调用重绘函数,刷新界面,显示新的更改的内容。本设计中,编写的重绘函数,主要完成指令表的逐一写入视图,并加入方格和行号区分每行,梯形图的图形元件按顺序逐个加入梯形图编程界面的功能。

(4)指令表的新建、打开、保存

指令表编辑界面必须有打开和保存功能,在 MFC 中实现该功能主要运用到面向对象技术中的重载功能，重载 Serialize 函数来实现打开、保存功能，该函数是 CDocument 的成员函数，将 CILDoc 重载 Serialize，当按下保存按钮时，它将存储指令表的动态数组一个一个存储在文件中，同理按下打开按钮时，将存储的数据一个一个读出，并加载到动态数组中。

　　(5)添加、删除、撤销一行指令

　　在指令表进行编辑时，需要添加或删除一行指令的功能。当右击鼠标时，弹出指令表操作列表框，完成向下添加一行指令、向上添加一行指令、删除本行指令、撤销上次删除指令功能，如图 7-7 所示。

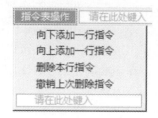

图 7-7　弹出菜单

　　首先制作弹出菜单资源，再运用鼠标右键点击消息，创建消息响应函数 OnRButtonUp，响应右键点击事件，并弹出菜单，菜单中选中添加上一行指令，添加下一行指令，则在选中行的上一行或下一行添加一条 NOP 指令，在后台指令表动态数组中的选中行中添加 NOP 指令，可在此点击 NOP 行以修改为想修改的指令，在重绘窗口，显示添加一行后所有的指令。

　　删除指定行则是选中后，删除后台指令表动态数组中的选中行，在重绘窗口，显示删除后所有的指令。

　　同理，撤销一行指令功能有时也用到。撤销，即返回上一次操作，可设计一种将每次指令表操作都存起来的数据结构，当按下撤销时，可取出最后一个编辑的指令，放入上次编辑的位置，综上设计要求，选择先入先出的堆栈来实现此过程。撤销指令的数据结构如下：

```
typedef struct undoInstructionList
{
  IL il;      //存储一行指令
  UINT UndoLine;      //这行指令的行数
}undoIL;
```

结构体中包含指令表和该行指令表行数，应用标准 STL 序列容器 stack，stack 为标准的堆栈容器。在编辑一行指令时，直接将该行压入栈中，按撤销键时，将读取栈顶元素并插入到原来位置，并将该元素从栈中弹出。

7.5　编译模块

　　对梯形图和指令表程序编辑后，要想 PLC 主机运行编辑后的程序，必须将梯形图或指令表转换为 PLC 主机能够识别的指令编码，因此，需要编译模块将梯形图或指令表编译为指令编码，指令编码是对指令表含义的编码，而梯形图是对指令表图形化表示的语言，因此梯形图先将其转换为指令表，再将指令表编译为指令编码。

7.5.1　数据结构

　　在设计编译模块之前，需要设计出梯形图、指令表、指令编码对应的数据结构，作为语言相互转换的基准与程序的存储方式。

　　1. 指令表数据结构的设计

　　指令表是一种字符型描述性语言，它类似于汇编语言。指令表是在借鉴和吸收了世界范围的 PLC 厂商的指令表语言的基础上形成的一种标准化语言。它能用于调用，如有条件和无条件地调用功能块,还能执行赋值以及在区段内执行有条件或无条件的转移。

PLC 指令表由指令语句组成,每条指令语句由两部分组成,它们分别是操作码与操作数。

操作码:操作码用助记符表示,一般用英文单词的缩写来表示,又将其称为编程指令,主要表示该条指令语句需要完成的功能,采用助记符表示操作功能,容易记忆,也便于掌握。

操作数:操作数包含了执行指定功能所必须的信息,即告诉 PLC 用什么数据来执行指定的操作。有些操作符还可以带多个操作数,相互之间用空格间隔,来区分各个操作数。

在基本指令中,LD,LDR,AND,OR 可将上下相同操作数的指令合并为一条指令,例如:

AND　X1
AND　X2
AND　X3
……
AND　Xn

可写为:

AND　X1　X2　X3　X4　Xn

以上四个基本指令可以后接 n 个操作数,除了 LD,LDR,AND,OR 的其他基本指令操作数为 0 个到 2 个之间,而功能指令操作数个数为 0 个到 5 个之间,基于以上设计,指令表的通用表达式可写为

$$操作码 \quad 操作数1 \quad 操作数2 \quad 操作数3 \cdots\cdots 操作数n \tag{7-1}$$

其中在三菱指令集中,上升沿(P)、下降沿(F)、常闭(I)辅助符号通过操作码编写,例如:

LDI　X1
ANDP　X2

而在本书中,由于需要后接多个操作数的原因,挂在操作数后面,将改写为:

LD　X1I
AND　X2P

其操作数通式如下:

$$操作数n = 软元件 + 软元件号码 + 辅助符号 \tag{7-2}$$

其中辅助符号包括 I,P,F。I 表示软元件常闭,P 表示软元件上升沿触发,F 表示软元件下降沿触发。

由式(7-1)可知,操作码和操作数分为不同的数据类型存储,运用结构体来作为存储的数据结构。操作码在计算机中是以字符串的形式存储的,因此需要一种存储字符串的数据结构;而操作数考虑到其长度为变长的,因此,需要设计一种可不限长度的数据结构。链表是一种插入、删除数据节点方便,每次增加节点都是向内存申请存储空间的结构,因此长度可以不用限定,刚好符合这种设计。由以上思路设计出的数据结构如下所示:

```
typedef struct InstructionList    //存储一条指令表的数据结构
{
    CString OpCode;               //操作码
    list<OperandIL> ope;          //操作数
    CString Annotation;           //解释
}IL;
```

其中操作码存储类型为 CString,CString 是封装在 MFC 中的类,它主要是用作对字符串的操作,并充分利用面向对象技术中的运算符重载和成员函数调用等特性,很方便地对字符串完成插入、删除、格式化等功能。而操作数则用标准 STL 序列容器 list,list 就是一双向链表,

可高效地进行插入、删除元素,由于双向链表比一般常用的单项链表多一个指向前一个节点的指针,因此其查找速度比单向链表要快。

由式(7-2)可知,操作数的数据结构包含软元件、软元件号和辅助符号,设计出的数据结构如下所示:

```
typedef struct operand          //存储指令表多操作数
{
    char component;             //软元件
    CString number;            //软元件号
    CString auxiliary;         //辅助符号
}OperandIL;
```

在设计操作数数据结构中,都是用字符或字符串存储,软元件号是数字,但用字符串存储,主要是因为界面编辑时,输入的是字符,这样方便处理,并且可用 CString 类中的 Format 成员函数将字符串格式化为十进制或十六进制数。

在存储每行指令表时,需要考虑使用插入、删除方便,并且没有限制长度的数据结构,因此,选择动态数组作为数据结构。运用数组,可以通过给每个数据元素一个下标志,很快查找到该数据,但数组长度在初始化时已经确定,而动态数组可以有效克服,它可在使用时动态分配一块内存给数据结构,当数据个数占用内存超过分配空间时,再动态分配添加数据存储空间。动态数组选用标准 STL 序列容器的 vector,vector 是一个动态数组,可调用封装在 STL 中的常用算法。

2. 指令编码的数据结构

指令编码为指令表按照相应的规则编码成 32 位二进制编码,PC 上位机将指令编码下载到 PLC 主机,PLC 主机逐一读取指令编码并执行,实现程序的运行。

每条指令编码是由 1 条或几条 32 位二进制数组成的,它与指令表有一一对应的关系,针对已设计出的指令系统,指令编码结构如下:

对于 LD,LDR,AND,OR,其编码结构见表 7-1。

表 7-1　LD,LDR,AND,OR 指令编码结构

操作码	操作数	是否还有操作数
前 4 位	中间 27 位	最后 1 位

操作码对应 LD,LDR,AND,OR,最后一位代表是否后续还有操作数,0 表示没有操作数,1 表示还有操作数,则下一条 32 位指令编码还是为该指令的指令编码,其下一位的格式见表 7-2。

表 7-2　LD,LDR,AND,OR 指令编码操作数结构

操作数	是否还有操作数
31 位	最后 1 位

其他基本指令的格式见表 7-3。

表 7-3　其他基本指令格式

基本指令	操作码	操作数
4 位	8 位	20 位

功能指令格式见表7-4。

表7-4 功能指令格式

功能指令	操作码	操作数
4位	8位	20位

当超过一个操作数时,下一条或几条32位指令编码还是为该指令的指令编码,且都为操作数编码。

在计算机中,32位无符号整型数占32位,正好符合指令编码的存储设计,考虑到在通信和计算机硬盘存储中,是8位1字节存储1个无符号字符型,占据8位,基于此,用4个无符号字符类型进行存储。要完成以上功能,设计出指令编码数据结构如下:

```
typedef union hexIntChar        //指令编码存储数据结构
{
  unsigned int hexInt;
  struct
  {
    unsigned char _0_7;
    unsigned char _8_15;
    unsigned char _16_23;
    unsigned char _24_31;
  }hexChar;
}hex;
```

运用共同体作为存储的数据结构,共同体是将每个数据成员占用同一个计算机内存空间,一般在需要几种不同类型的数据成员时使用。因此在使用编码时,运用无符号整型hexInt进行存储,在通信和计算机硬盘存储时用结构体hexchar进行存储。

存储指令编码主要是运用队列完成的。在指令表转化为指令编码后进行指令编码的存储,由于在通信时,按照先转换的编码先发送的顺序,因此先入先出的队列适合此设计。运用标准STL序列容器的queue进行存储,queue是一个标准的先入先出队列。

在进行指令表编译为指令编码的时候,需要用到编码表来辅助编译过程,编码表分为两种,一种是数字表,根据不同的操作码进行数字编码;另一种是字符查表,根据输入的操作码字符串,查找是否为表内字符。综上所述,设计数据结构如下。

1)基本指令操作码编码表,记录基本指令操作码的编码。
```
enum BasicIL
{
  LD_R_M1 = 1, LD_R_M2, LD_R_S, LD_R_X_Y, LD_R_T_C, BASIC_OTHER_IL,
APPLICATION_IL, AND_OR_M1 = 9,
  AND_OR_M2, AND_OR_S, AND_OR_X_Y, AND_OR_T_C,
};
```

2)基本指令操作码字符串,记录基本指令的操作码。
```
static CString OpBasic[] =
{
  "LD","LDR","AND","OR","NOP","MPS","MRD","MPP","ANB","ORB","INV",
  "END","RET","SET","RST","PLS","PLF","OUT","MCR","MC","STL"
};
  enum OtherBasicIL
```

```
  {
    NOP,MPS,MRD,MPP,ANB,ORB,INV,END,SET,RST,PLS,PLF,
    OUT_ = 16,
    OUT_TWO = 14,
    MCR = 14,
    MC = 13,
    STL=15,
    RET=12,
  };
```

3)功能指令操作码编码表,记录功能指令的编码。

```
enum Application_IL
{
  CJ_P,CALL_P,SRET,IRET,EI,DI,FEND,WDT_P,FOR,NEXT,CMP_P,
  ZCP_P,MOV_P,SMOV_P,CML_P,BMOV_P,FMOV_P,XCH_P,BCD_P,
  BIN_P,ADD_P,SUB_P,MUL_P,DIV_P,INC_P,DEC_P,WAND_P,WOR_P,
  WXOR_P,NEG_P,ROR_P,ROL_P,RCR_P,RCL_P,SFTR_P,SFTL_P,
  WSFR_P,WSFL_P,SFWR_P,SFRD_P,ZRST_P,REF_P,REFF_P,SPD,
  PLSY,PWM,IST,ALT_P
};
```

4)功能指令操作码字符串,记录功能指令的操作码。

```
static CString OpFunctional[] =
{
  "CJ","CJP","CALL","CALLP","SRET", "IRET", "EI","DI","FEND","WDT",
  "WDTP","FOR","NEXT", "CMP", "CMPP", "ZCP","ZCPP","MOV","MOV",
  "MOVP","SMOV","SMOVP","CML","CMLP","BMOV","BMOVP","FMOV",
  "FMOVP","XCH","XCHP","BCD","BCDP", "BIN", "BINP","ADD","ADDP",
   "SUB","SUBP","MUL","MULP","DIV","DIVP","INC","INCP","DEC","DECP",
  "WAND","WANDP","WOR","WORP","WXOR","WXORP","NEG","NEGP",
  "ROR","RORP","ROL","ROLP","RCR","RCRP","RCL","RCLP","SFTR",
  "SFTRP","SFTL","SFTLP","WSFR", "WSFRP","WSFL","WSFLP","SFWR",
  "SFWRP","SFRD","SFRDP","ZRST", "ZRSTP","REF","REFP","REFF",
  "REFFP","SPD","PLSY","PWM","IST","ALT","ALTP",
};
```
5)软元件编码表,记录软元件的字符。

```
static char CompoentBasic[] =
{
  'X','Y','M','T','C','S','K','D','V','Z','N',
};
```
6)软元件操作数取值范围表,记录软元件对应的操作数的最大取值范围。

```
enum basicOp
{
  MAX_M_NUM = 3071,
  MAX_X_Y_NUM = 63,
  MAX_S_T_C_NUM = 255,
```

```
        MAX_D_NUM = 8189,
        MAX_K_NUM = 32767,
        MAX_H_NUM = 8000,
        MAX_V_NUM = 7,
        MAX_Z_NUM = 7,
        MAX_I_NUM = 899,
        MAX_OP_CODE = 21,
        MAX_OP_FUNC = 86,
    };
```

编码表选用枚举作为数据结构,枚举主要用于当一个数据变量有几种可能的取值时使用。编码表都是按照一定顺序进行的,因此可用枚举进行编码存储。基本指令与功能指令操作码和软元件选用字符串数组进行存储。

7.5.2　梯形图数据结构

在工业控制领域,梯形图是应用最为广泛的图形化编程语言之一。它采用不同的图形元件来表示不同的指令,用串联和并联关系来组织图形元件,以它们的位置顺序来描述元件之间的逻辑。梯形图程序直观形象、逻辑性强,与电气控制原理图相呼应,易于掌握和学习。

梯形图的数据结构分两层考虑,第一层为用于显示的图形层,第二层为在后台用符号标识图形并用于存储的存储数据层。因此在设计数据结构上,要考虑到图形层中用于放置图形元件在编辑界面的坐标,以及上下图形元件之间的关系,在存储数据层中,要考虑到表示图形的符号存储和与之对应的操作码与操作数存储。基于以上考虑,设计出的数据结构如下:

```
class CLadderDiagram
{
    ……
        CPoint m_bmpPoint;//图片坐标
        int m_bmpName;//图片名
        bool m_behindBranch;//节点后面是否有下划线
        bool m_frontBranch;//节点前面是否有上划线
        bool m_Flag;//元件是否被选中
        CString m_commandName;//操作码
        OperandIL m_operandName;//操作数
    ……
}
```

m_bmpPoint 用于存储该图形元件在梯形图编辑界面中放置的坐标,m_bmpName 用于表示图形层中图片与后台表示符号对应,而 m_behindBranch 与 m_frontBranch 表示该图形元件与前后图形元件之间的对应关系,m_Flag 表示当前正在编辑的图形元件,m_commandName 与 m_operandName 分别表示后台存储该图形元件的操作码与操作数。

7.6　编译与反编译

编译技术是将人类容易编写、易于理解的高级语言,转换为机器能够识别的机器语言。其编译过程如图 7-8 所示。

词法分析:将输入的源程序逐个地按照构词规则,分解成一系列单词符号,判断输入单词是否正确。

语法分析:将词法分析后的单词组合成语句,并判断组合的语句语法是否正确。

语义分析和中间代码:将语法分析后的语句和单词进行含义分析,并翻译为中间代码。

代码优化:对中间代码进行优化,以便于转化为目标代码。

目标代码:转化为 CPU 可执行的机器码。

本课题所设计的中间代码为对指令表结构的二进制指令编码,二进制指令编码需要下载到 PLC 主机中执行,如图 7 - 9 所示。

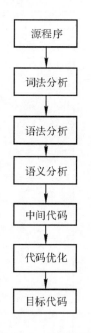

图 7 - 8　编译过程

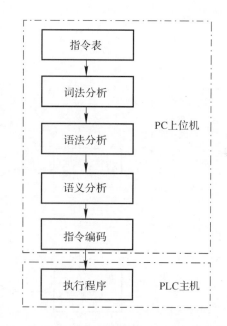

图 7 - 9　PC 上位机编译器与 PLC 主机执行程序

词法分析完成扫描输入的字符串,并判断单词的正确性。根据编码表,识别出操作码与操作数,并判断操作码和操作数是否正确。语法分析完成判断语句的正确性。根据 PLC 指令表的语法,判断操作码与操作数是否相互对应,并且操作数是否在取值范围内。由于词法分析和语法分析是检查每行指令是否有错误,因此,可以每输入一行指令进行一次词法和语法分析,如果通过,添入指令表的数据结构中,即在编辑一行指令时候,就可以检查,如果有误,则输入失败,并报告输入错误原因,因此,词法分析和语法分析的流程图如图 7 - 10 所示。

输入语法检查算法流程如下:

1)输入一行指令。

2)提取出输入的操作码,查看提取出的操作码是否有与操作码字符串表相匹配的操作码,如果没有,则跳入第 9)步,如果有则继续。

3)提取出一个操作数,首先将操作数的软元件提取出,查看提取出的软元件是否有与软元件字符串表相匹配的软元件,如果没有,则跳入第 9)步,如果有则继续。

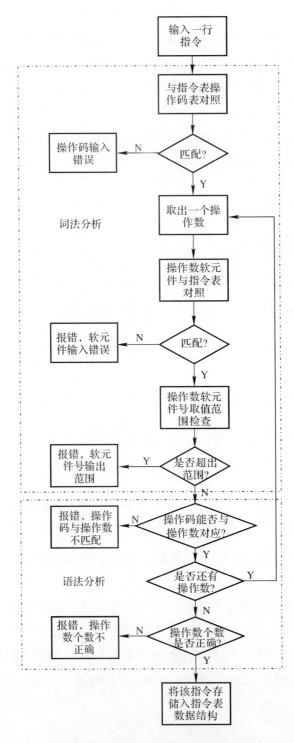

图 7-10 输入语法检查算法流程图

4)提取出该操作数软元件号,查看该软元件号是否超出范围,如果是,则跳入第 9)步,如果没有则继续。

5)判断操作码与操作数是否匹配,如果不匹配,则跳入第 9)步,如果没有则继续。

6)判断是否还有软元件,如果有,则跳入第 3)步,并进行新一轮操作数判断,如果没有则继续。

7)判断操作数个数是否正确,如果不正确,则跳入第 9)步,如果正确则继续。

8)将输入的指令存储入当前指令表数据结构,输入成功。

9)提示报错,并根据错误原因提示相应的信息,输入失败。

在输入完指令后,由于每输入一行指令,对该行进行词法分析和语法分析,因此还需要对指令表进行语义分析和中间代码生成,完成指令编码的转换过程。

语义分析是判断指令表上下文语法和指令写入行数是否符合 PLC 编程规范,例如操作码 LD 应为首行指令,END 应为最后一行结束的指令,操作码为 MC 的指令后面应有操作码 MCR 的指令等。

在确定指令表词法、语法、语义正确的情况下,可进行指令表与指令编码转换,指令表转换为指令编码的算法流程图如图 7-11 所示。

指令表转化为指令编码的算法流程如下:

1)将存储在动态数组中的指令,按从上到下的顺序,取出一行指令。

2)扫描基本指令操作码编码表,是否有匹配的基本指令操作码,如果有,则将对应的基本指令进行编码,并跳入 4),没有则继续。

3)扫描功能指令操作码编码表,是否有匹配的功能指令操作码,如果有,则将对应的功能指令进行编码,并继续,没有则跳入 10)。

4)扫描软元件编码表,是否有匹配的软元件编码,如果有,则将对应的软元件进行编码,并继续,没有则跳入 10)。

5)查看输入的软元件是否超出取值范围,如果否,则将对应的软元件操作数进行编码,并继续,是则跳入 10)。

6)本行指令是否有辅助符号编码,如果有,则编码,如果没有则继续。

7)本行指令是否还有操作数,如果有,则跳入 4),如果没有,则继续。

8)将编码后的数据压入存储指令编码的队列中。

9)是否还有指令,有则跳入 1),没有则转换完成。

10)提示报错,并根据错误原因提示相应的信息,转换失败。

有时,需要将 PLC 主机的指令编码上传到 PC 上位机,查看运行程序是否正确,因此,需要设计将指令编码转换为指令表的反编译模块,反编译的过程为编译的逆向过程,转换方式流程图如图 7-12 所示。

指令编码反编译为指令表的算法流程如下:

1)将存储指令编码的队列中,取出一条指令编码。

2)32 位指令编码中高四位为判断指令类型,根据不同的指令类型,进入基本指令 LD,LDR,OR,AND 解码函数,其他基本指令解码函数和功能指令解码函数进行解码。

3)取出对应的位,写入对应的操作码。

4)取出对应的位,写入对应的操作数。

5)是否还有操作数,如果是,则再从队列中取出一条 32 位指令编码,并跳入 4)继续判断操作数,如果不是,则将该行指令存入存储指令表的数据结构动态数组中。

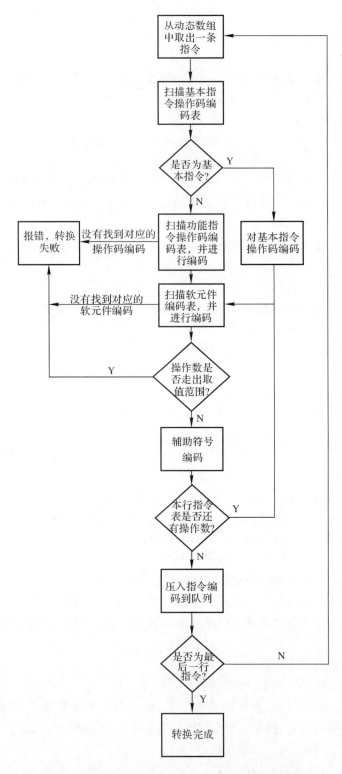

图 7 - 11 指令表转化为指令编码的算法流程图

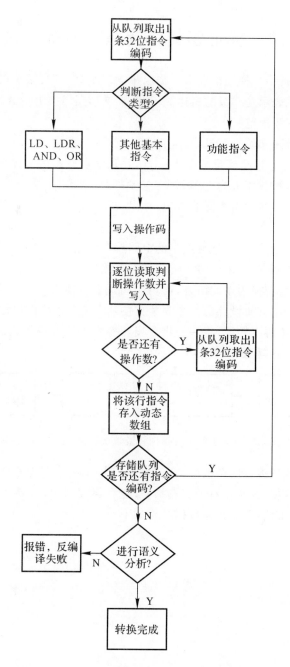

图 7 - 12　指令编码反编译为指令表的算法流程图

6)存储指令编码的队列是否还有指令编码,如果有,则跳入 1),如果没有,则继续。

7)进行语义分析,即查看输入指令表的上、下行指令是否符合语法规则,如果不符合则跳入。

8)如果符合,则转换成功。

9)提示报错,并根据错误原因提示相应的信息,转换失败。

7.7　梯形图转换为指令表的算法

在梯形图程序中,每一个梯级都表示一个因果逻辑关系,事件发生的条件在梯级的左边,条件成立时得到的结果表示在梯级的右边。因此,在梯形图转换为指令表前,需要检查梯形图编程是否符合梯形图编程规范:

1)梯级的第一行必须起始于左母线,终止于结束线;

2)串联触点较多的电路应尽量放在上一行,并联触点较多的电路应尽量靠近母线放置。尽量使得梯形图的触点数整体上为上多下少,左多右少;

3)不能将触点元件画在输出线圈的右边,输出线圈只能画在同一行中所有触点元件的最右边;

4)对于多重输出的连接法,应把触点多的电路放在梯级的上面。

将梯形图转换为指令表时,由于将图形化语言转换为字符型语言,直接转换难度很大,因此,需要先将图形化语言转换为中间语言,再将中间语言转换为符号语言。本书中,选择二叉树作为中间语言。由于本书所设计的指令表为支持基本指令多操作数的指令表,因此,将梯形图转换为指令表后,需要再次转换,将一般指令表转换为支持多操作数的指令表,基于以上设计,梯形图转换为指令表过程如图 7-13 所示。

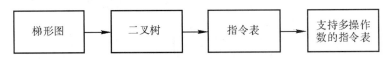

图 7-13　梯形图转换为指令表过程

二叉树是指父节点最多有两个被称为左、右子节点的树,它具有很强的递归性。二叉树数据结构包含要存放的数据,以及左右子节点指针,在存放数据中,需要存放与指令表相关的操作码与操作数,基于以上设计,二叉树数据结构如下:

```
typedef struct Ticon
{
  CString commandName;        //操作码
  OperandIL operandName;      //操作数
}Ticon;                       //二叉树中存放的数据

typedef struct BiTNode
{
  Ticon tIcons;
  struct BiTNode * lchild, * rchild;//左子树与右子树的节点指针
}BiTNode;                     //二叉树
```

其中 Ticon 为结构体,存放转换为指令表所需要的操作码与操作数,BiTNode 为存放二叉树的数据结构,其中 lchild 与 rchild 代表存放左子树与右子树的节点指针。

在梯形图转换为二叉树时,需要用到一个堆栈作为暂存区进行辅助转换,因此,需要设计一个基于梯形图转换为二叉树的堆栈,其数据结构如下所示:

```
typedef struct
{
```

```
    BiTree base;                    //堆栈底数据
    BiTree top;                     //堆栈顶数据
    int stacksize;                  //堆栈大小
}SqStack;
```

其中 stacksize 用来存放堆栈数据个数,top 用来存放当前堆栈顶数据,而 base 用来存放堆栈底数据。

梯形图转换为二叉树算法流程图如图 7 - 14 所示。

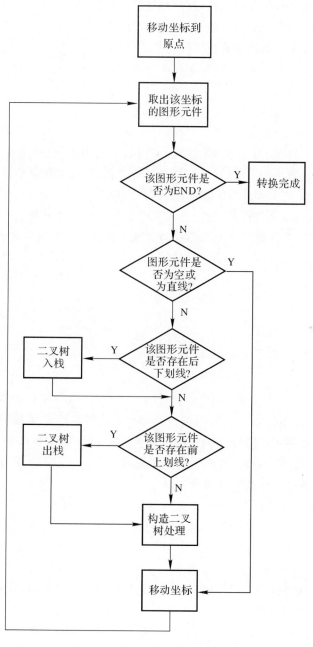

图 7 - 14　梯形图转换为二叉树算法流程图

梯形图转换为二叉树的算法流程如下：

1)将存储图形元件的二维数组从原点坐标开始,从左至右、从上至下逐个扫描,取出扫描到的图形元件。

2)当该图形元件为 END 时,说明已经扫描到最后一个图形元件,跳入 8)。

3)当该图形元件为空或为直线时,直接扫描下一个图形元件。

4)当该图形元件标有后下划线时,将该图形元件压入栈,新建树节点,并与当前图形元件构造相应的二叉树,移动坐标到下一行,继续扫描。

5)该图形元件存在前上划线,将栈顶二叉树弹出,并将该图形元件作为树子节点,与弹出的栈顶二叉树合并,将坐标移动到弹出图形元件的坐标。

6)当 2)3)4)5)情况都不存在时,新建树根节点,并将当前图形元件作为新建根节点的子树,向右移动一列,继续扫描。

7)跳转到第一步继续执行。

8)转换完成。

接下来完成二叉树转换为指令表的过程,采用后序遍历的方法,即首先访问左子树,再访问右子树,最后访问根节点的方法,逐个扫描二叉树节点,并读取存储的操作码与操作数,按顺序放入存储指令表的动态数组中,得到初步的指令表程序。

在得到了初步的指令表程序后,要进行与指令表相关的语法处理。

1)每碰到 LD 指令后面跟一个无操作数的 AND 或 OR,就将该行的操作码 LD 改为操作数 AND 或 OR,例如：

LD   X0
AND
LD   X1
OR
   则需要合并为
AND   X0
OR   X1

2)对于单独出现的 OR 或 AND,要将该行指令改为并联块 ORB 或串联块 ANB。

由于转换过来的基本指令中 LD,LDR,OR,AND 是传统 PLC 单操作数指令,而本书所设计的 PLC 指令是需要将多行同操作码的指令合并为一行多操作数指令,同时要注意在转换时,将带有上升沿、下降沿、常闭的操作码转换为带有上升沿、下降沿、常闭的辅助字符的操作数。因此,需要进行进一步转换完成指令表。

以基本指令 AND,ANI,ANP,ANF 为例,实现的流程图如图 7-15 所示。

将单操作数的 AND 指令转换为多操作数的 AND 指令的程序流程如下：

1)从存储指令表的数据结构中,按从上至下的顺序读取一行指令。

2)如果已经没有指令,则跳入 8)。

3)如果本行指令的操作码不是 AND 或 ANI 或 ANP 或 ANF,则跳入 1)。

4)如果本行指令操作码为 ANI 或 ANP 或 ANF,则先将 ANI 或 ANP 或 ANF 指令的操作码改为 AND;再将操作数添加对应的辅助字符:操作码 ANI 添加常闭辅助字符 I,操作码 ANP 添加上升沿辅助字符 P、操作码 ANF 对应添加下降沿辅助字符 F;再看下一行指令是否为 AND 或 ANI 或 ANP 或 ANF,如果不是则跳入 1)。

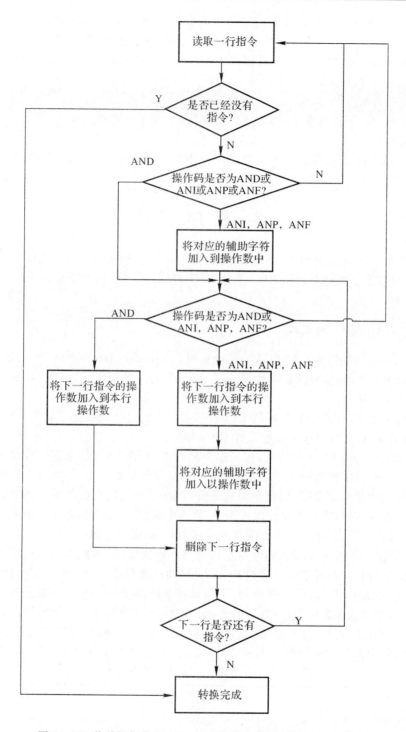

图 7-15　将单操作数的 AND 指令转换为多操作数的 AND 指令

5) 如果下一行指令是操作码 AND, 则将下一行操作数加到本行存储操作数的数据结构中; 如果下一行指令是操作码 ANI, 则将下一行操作数加到本行存储操作数的数据结构中, 同时将辅助字符 I 加入到本行刚才加入的一个操作数存储的数据结构中; 如果下一行指令是

ANP,则将下一行操作数加到本行存储操作数的数据结构中,同时将辅助字符 P 加入到本行刚才加入的一个操作数存储的数据结构中;如果下一行指令是 ANF,则将下一行操作数加到本行存储操作数的数据结构中,同时将辅助字符 F 加入到本行刚才加入的一个操作数存储的数据结构中。

6)删除下一行指令。

7)判断下一行是否还有指令,如果没有则跳入 8),如果有则跳入 5)。

8)转换完成。

同理 LD,LDR,OR 实现的基本指令中单操作数指令转换为多操作数指令的算法流程图与 AND 结构相类似。

7.8 程 序 下 载

通信部分是 PLC 编程软件与 PLC 主机的桥梁,在实现 USB 转 CAN 通信装置后,通过设计通信协议,可将指令编码下载到 PLC 主机中,实现程序下载,也可以监控 PLC 主机的软元件值。

7.8.1 CAN 通信的实现

PLC 主机通信的接口为 CAN,CAN 的全称叫 Controller Area Network(控制器局域网),它具有通信的可靠性高、实时性强等特点,主要运用于工厂自动化、汽车电子、楼宇建筑、电力通信等干扰较大的场合。

下位机的主控芯片为 NXP 公司的 LPC1788,NXP 公司已经提供了对 CAN 的底层驱动文件,只需对其移植,并针对本次设计做好 CAN 驱动。

使用 CAN 之前必须对其初始化,包括端口号选择、波特率设置、运行模式设置、滤波模式设置、滤波的 ID 号设置和接收中断使能。CAN 的发送数据调用 CAN1_snd 函数进行,里面包括了对要发送的数据以 CAN 的打包格式进行打包,以及调用底层的发送函数。CAN 的接收函数是以中断完成的,当有数据发送过来时,进入中断函数,首先清除中断标志位,再调用中断接收函数,对数据接收,并放入接收内存缓冲区内,完成接收过程。

PLC 在通信时,存在多个设备同时与主机进行通信的情况,例如人机界面对 PLC 主机进行监控时,PC 上位机也打开软元件监控 PLC 主机,而三者都挂在同一个 CAN 总线上,人机界面只能和 PLC 主机进行通信而不能和 PC 上位机相互通信,同样,PC 上位机只能和 PLC 主机进行通信,而不能和人机界面相互通信,因此,需要运用到 CAN 通信的滤波功能,滤波功能设定为只能接收某个指定 ID 号发过来的数据功能。基于以上要求,设计出人机界面、PLC 主机、手持编程器、PLC 与主机通信的 USB 转 CAN 装置的滤波 ID 见表 7-5。

表 7-5 设备发送 ID 号与接收 ID 号

设备	发送 ID 号码	只能接收的 ID
人机界面	0x01	0x01
PLC 主机	0x01,0x03,0x04	0x01,0x03,0x04
手持编程器	0x03	0x03
USB 转 CAN 装置	0x04	0x04

PLC 主机能接收所有的 ID 号数据，即能接收所有设备的数据，而其他设备只能接收自己的 ID 号。以四种设备同时在通信为例，PLC 主机能接收其他设备的 ID，因此能接收所有其他设备发送的数据，而如果 PLC 主机要发送数据给人机界面，则将发送数据的数据包 ID 设置为 0x01，只有人机界面接收到数据，而其他设备会将数据包滤去，PLC 主机要发送数据给其他所有的设备，可发送以 0x02 为 ID 的数据包，让其他所有设备都能接收到。其他设备只能接收自己的 ID 号发送来的数据以及 PLC 主机 ID 号发送过来的数据，因而只能与 PLC 主机进行通信。

7.8.2　通信帧格式

在上位机与下位机进行通信时，打包成自定义帧的形式，进行传输，通过解帧来识别数据类型，因此在发送数据时，先将数据通过编写好的打包函数，按照其类型打包成帧，而接收方则调用解包函数，将帧解包，根据解包出的类型来判断传输的数据类型[4-7]，因此，在通信时要自主设计帧格式，其格式见表 7-6。

表 7-6　通信协议帧格式

起始位	数据长度	源 ID	命令	数据类型	数据号	数据	CRC 校验	结束位
1 字节	2 字节	1 字节	1 字节	1 字节	2 字节		2 字节	1 字节

1）起始位，判断该帧的起始。

2）数据长度，数据长度为各个位长度总和。

3）源 ID，源 ID 为发送方的 ID 号码，目前支持的设备 ID 号码的编码见表 7-7。

表 7-7　源 ID 编码

人机界面	PLC 主机	手持编程器	上位机
0x01	0x02	0x03	0x04

4）命令位为说明该帧的作用，编码见表 7-8。

表 7-8　命令位编码

0x00 读	0x01:写	0x02:主机复位	0x03:获取PLC 状态	0x04:设置PLC 状态	0x05:获取PLC 时间	0x06:设置PLC 时间
0x07:握手应答	0x0A:下载程序	0x0B:上传程序	0x0C:程序下载/上传错误	0x0D:下载/上传结束	0x0E:CRC错误	

5）数据类型，数据类型为软元件数据类型，编码见表 7-9。

表 7-9　数据类型编码

0x00:PLC 用户程序	0x01:X	0x02:Y	0x03:S	0x04:M
0x05:D	0x06:C	0x07:T	0xFF:用于主机查询,应答等	

6）数据号位为软元件查询时的软元件号，以及程序下载时可能出现程序量大的情况，而最多以 512 字节为一帧分帧发送，因此需要此位标识帧次数。

7）数据位是当下载程序时包裹的程序，以及监控时包裹的软元件当前运行值，编码见表 7

— 221 —

－10。

表 7－10 数据位编码

程序帧数据位	程序长度(4 位整型)		程序
读取软元件帧数据位	状态值(1 位布尔型)	定时器、计数器当前值(4 位整型)	定时器、计数器设定值(4 位整型)
写入软元件帧数据位	状态(1 位布尔型)		当前设定值(4 位整型)

其中,有时存在程序容量大的情况,一次发送很长一帧数据会出现丢帧情况,因此,将程序帧数据位的长度最长定为 512 字节,如果要下载的程序超过 512 字节,则按照程序的先后顺序分帧发送给 PLC 主机,每帧长度为:最长 512 字节加上 11 字节数据包长度,即最大帧长度小于等于 523 字节。

8)CRC 校验位是判断该帧接收的数据是否有误,如果有误,则返回一个错误帧,另一方接收到后,重发上次发送帧。

9)结束位,判断该帧的结束。

通信都是先将数据打包成以上编码的帧形式,再发送过去,以程序帧的第一帧为例,其格式为:起始位＋数据长度＋上位机的 ID 号(0x04)＋下载程序命令(0x0A)＋数据类型 PLC 用户程序(0x00)＋数据号程序第一帧(0x00)＋程序＋CRC 校验＋结束标志。

综上所述,列写出所有在 PC 上位机通信中运用到的基于以上编码的帧见表 7－11。

表 7－11 PC 上位机通信中运用到的帧

PC 机帧	用于与 PLC 主机握手
PLC 主机帧	用于与 PC 上位机握手
程序帧	将程序打包发送给下位机
正确接收帧	PLC 主机成功接收数据
错误接收帧	PLC 主机接收数据错误
下载/上传结束帧	用于表示下载或上载过程结束
读取软元件帧	将要读取的软元件发送给 PLC 主机
软元件值帧	将软元件值发送给 PC 上位机
运行状态查询帧	用于查询 PLC 主机运行状态
运行状态帧	PLC 主机回复运行状态
写入成功帧	成功写入软元件值
写入失败帧	写入软元件失败

7.8.3 PLC 下载功能的实现

下载功能是指将梯形图或指令表转换的指令编码,通过定制的通信协议传输到 PLC 主机的片内 Flash 中。下载对话框如图 7－16 所示。

下载对话框有一个下拉控件,用来选择通信端口;两个按钮,其中一个用来连接端口,另一个用来下载按钮,按下后将程序下载到 PLC 主机中;一个进度控件,用来显示程序下载的进度。

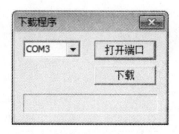

图 7 - 16　下载对话框编辑界面

PLC 程序下载的通信过程如图 7 - 17 所示。

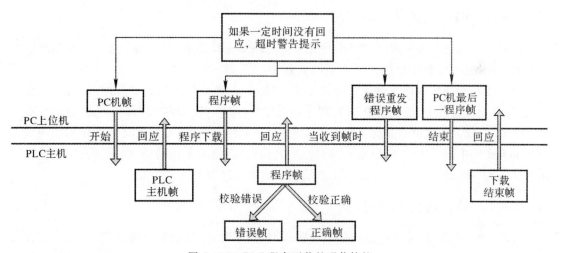

图 7 - 17　PLC 程序下载的通信协议

具体流程如下:

1)PC 上位机发送 PC 机帧。

2)PLC 回应 PLC 主机帧完成握手过程。

3)PC 上位机发送程序帧。

4)PLC 主机接收到程序帧后,如果 CRC 校验正确,则将放入内存缓冲区的程序通过 IAP 命令写入片内 Flash 中,并返回正确接收程序帧;如果 CRC 校验错误,则发送错误接收程序帧。

5)如果 PC 上位机接收到正确接收帧,则发送下一帧程序帧,跳转到 4),如果 PC 上位机接收到错误接收帧,则再次发送此帧程序帧,跳转到 4),如果发送的本帧是最后一帧则继续。当 PLC 主机接收到 PC 上位机最后一帧,且 CRC 校验正确时,则发送下载结束帧,完成下载过程。

6)下载过程中加入下载错误重发机制,具体过程为如果 CRC 校验错误,则 PLC 主机向 PC 上位机回应错误帧,PC 上位机重发此帧数据,如果超过 3 次依然错误,则终止程序下载,并弹出警告提示,告知下载失败来源。

下载过程中加入超时警告机制,具体过程为,PC 上位机在与 PLC 主机通信时,发送的任何一帧,PLC 主机都应有相应的帧回应,如果发送的程序帧一定时间没有回应,说明通信出问题,弹出超时警告提示,告知下载失败来源。

PLC 主机接收是通过接收中断函数完成的,它将接收 PC 上位机发送过来的数据帧,放入内存缓冲区中。当接收完一帧时,解包后判断是下载帧,则调用 IAP 命令,将接收的程序从内存缓存区中写入片内 Flash 中。

IAP 的全称为 In Application Programming,它是用户自己的程序在运行过程中对 Flash 的部分区域进行烧写,目的是为了在产品发布后可以方便地通过预留的通信口对产品中的固件程序进行更新升级。PLC 程序是存储在片内 Flash 中的,而通信接收到的程序是放在片内内存中的,因此需要用 IAP 命令将片内内存中的数据写入 Flash 中。片内内存 Sdram 首地址为 0x20004000,Flash 首地址为 0x00040000,是第 22 扇区,在使用前先擦除以前的数据,再关闭扇区写保护,最后将 Sdram 中数据写入 Flash 中,完成 IAP 写入程序过程。

7.8.4 PLC 上传功能的实现

PLC 上传功能是指将 PLC 主机的程序上传到 PC 上位机中,并转换为指令表显示与指令表编辑界面,它是用来查看 PLC 主机运行的程序。

PLC 上传通信协议与下载通信协议几乎一样,将发送方与接收方对调即可完成,唯一不同的是,在上传过程中,接收到的 PLC 程序帧,是通过调用 MFC 的文件操作函数,将程序存入以 hex 为后缀名的文件中,备份上传上来的程序,在上传完程序后,通过文件操作的读函数将存入 hex 文件中的程序以 32 位指令编码的形式读写出,并压入存储指令编码的队列中,再调用指令编码转换指令表算法,将上传上来的指令编码转换为 PLC 指令表。

7.8.5 监控功能的实现

在 PLC 运行时,能监视运行的软元件状态,包括定时器、计数器当前值与设定值、寄存器 D 的当前值。监控界面以对话框的形式显示,因此,监控界面具有创建对话框类,并添加相应的控件,以及响应函数完成界面显示功能。监控软元件对话框如图 7-18 所示。

监控软元件对话框有一个下拉对话框,用来选择通信端口;1 个打开端口按钮,用来连接端口;7 个 Radio 控件,这 7 个控件分别代表 7 个软元件 X,Y,S,M,T,C,D,其中一个被选后其他 6 个退出被选状态,用来显示每一时刻只能选择一个软元件进行添加;一个编辑控件,一个添加按钮,一个删除按钮,编辑按钮用来输入软元件号,添加和删除按钮用来添加或删除一行软元件;一个下拉控件和一个开始读取钮,下拉按钮用来选择读取软元件的周期,有 100 ms,300 ms,500 ms,700 ms,1 000 ms 5 个周期选择,当按下开始读取按钮时,软件开始与 PLC 主机通信,并读取 PLC 主机发来的软元件值;最后一个控件为 listbox 控件,该控件能够很方便地以表格的形式显示软元件中的各个值,并且能够自由地添加或删除行、列,listbox 控件分四栏,第一栏为软元件栏,显示软元件,第二栏为状态值、寄存器值栏,显示软元件状态,以及寄存器 D 值,第三栏和第四栏用于显示定时器和计数器的当前值与设定值。

要读取的软元件是以结构体的形式存储在后台的,需要包含软元件的操作码、操作数、状态值、寄存器 D 当前值、定时器和计数器设定值与当前值,基于以上要求,设计出数据结构如下:

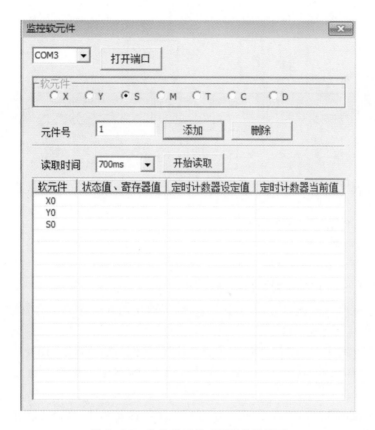

图 7-18　监控软元件对话框编辑界面

```
typedef struct SoftComponent//软元件存储数据结构
{
    char component；//软元件类型
    int number；//软元件号码
    int state_D_value；//状态值或寄存器 D 当前值
    int C_T_value；//定时器设定值与当前值
    int C_T_Setvalue；//计数器设定值与当前值
}SC；
```

　　添加的软元件用此数据结构存储在动态数组中,动态数组使用 STL 库中的 vector 进行存储。

　　在上位机添加完要监控的软元件后,按下读取按钮,上位机不断发送读取软元件帧给 PLC 主机,PLC 主机返回自身运行的软元件状态给上位机,上位机收到后进行解帧,并将软元件状态与上次存储值进行比较,如果有更新,则保存此次值,并将软元件值更新到界面上,显示当前软元件状态。

　　其中在上位机开启读取软元件功能时,是将读取软元件帧以一定周期的形式发送给下位机,同时下位机要监听上位机是否收到回应的软元件读取帧,二者要同时进行,因此需要创建读取软元件帧任务为线程任务,实现并行运行。线程是进程运行的最小单位,一个进程可以有多个线程并行运行,PLC 编辑软件为一个进程,则读取软元件帧任务是其中一个线程,在创建此线程需要用到 MFC 中全局函数 AfxBeginThread()来创建并初始化。

监控软元件的通信协议如图 7-19 所示。

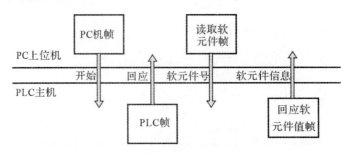

图 7-19　监控软元件的通信协议

监控软元件的通信协议流程如下：

1）上位机发送 PC 机帧；

2）PLC 主机发送 PLC 主机帧，完成握手过程；

3）上位机将软元件打包成软元件帧，发送给 PLC 主机；

4）PLC 主机接收后解帧，解帧后得到软元件，提取出内存中存储的对应的软元件值，打包成软元件值帧，并发送给上位机；

5）上位机接收到软元件值帧后解帧，查看存储软元件值的数据结构中，本次软元件值与上次数据是否相同，如果相同，则跳入 3），如果不相同，则在监控界面上更新软元件值，并跳入 3）。

当按下监控软元件界面的停止按钮，或直接关闭监控软元件对话框时，可以停止当前监控软元件通信过程。

7.8.6　强制输出功能的实现

强制输出功能主要是 PLC 主机在停止状态下，对软元件 Y 进行强制输出，强制输出对话框如图 7-20 所示。

图 7-20　强制输出对话框

在设计时，强制输出功能只对软元件 Y 有效，因此只需用一个编辑控件，用来输入 Y 的元件号；两个 Radio 控件，用来强制输出状态；一个强制输出按钮，完成强制输出功能。其通信协议如图 7-21 所示。

强制输出功能通信协议如下：

1）开启信号量，暂停读取软元件；

2）上位机发送 PLC 运行状态查询帧，查看 PLC 主机运行状态；

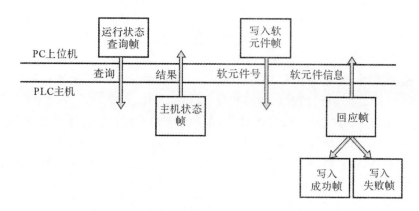

图 7 - 21　强制输出功能的通信协议

3)PLC 主机接收 PLC 运行状态帧后,发送 PLC 主机状态帧;

4)如果为运行状态,同时发送写入失败帧给上位机,如果为停止状态上位机接收后,向 PLC 主机发送写入软元件帧改写软元件值,如果改写软元件值成功,则 PLC 主机发送写入成功帧给上位机,如果改写软元件值失败,则发送写入失败帧给上位机;

5)PC 上位机如果接收到写入失败帧,则弹出对话框,提示写入软元件值失败,可能是 PLC 主机正在运行,如果接收到写入成功帧,则弹出对话框,提示写入软元件成功;

6)关闭信号量,可继续读取软元件。

由于读取和写入的通信机制为同一个 USB 接口,因此,不能同时发送或接收通信数据,当在不断读取软元件值时,如果要发送写入软元件帧,需要用到信号量。

信号量的作用是对线程进行同步,它允许多个线程在同一时刻访问同一资源。在本设计中,读取软元件函数,与写入软元件函数隶属于不同的线程,然而它们都用了 USB 进行通信,在运行时,可能出现同时需要与下位机进行通信的情况,因此,需要信号量来解决此问题,当需要写入软元件时,开启信号量,暂停读取软元件函数,当写入完成时,再释放信号量,继续运行读取软元件函数,达到同步机制。

参 考 文 献

[1] 吴洁琼,蔡启仲,潘绍明,等. 基于 ARM_FPGA 的小型 PLC 逻辑运算控制器的设计 [J]. 计算机工程与设计,2016(9):2394 – 2399,2404.

[2] 未庆超,蔡启仲,李克俭,等. 小型 PLC 编程装置的存储和反编译模块设计[J]. 计算机应用与软件,2015(10):236 – 239.

[3] 李静,蔡启仲,蒋玉新,等. 基于 FPGA 的多操作位逻辑运算控制器的设计[J]. 测控技术,2015(2):81 – 84.

[4] 未庆超,蔡启仲,李克俭,等. 小型 PLC 编辑与监控系统的设计[J]. 仪表技术与传感器,2014(8):74 – 77,80.

[5] 周曙光,李克俭,蔡启仲,等. 基于 FPGA 的 PLC 位信息输出控制器设计[J]. 计算机测量与控制,2014(6):1750 – 1753.

[6] 谢从涩,蔡启仲,潘绍明,等. 基于 ARM_PFGA 的 PLC 系统通讯设计[J]. 计算机测量与控制,2014(6):1871 – 1874.

[7] 李静,蔡启仲,张炜,等. 基于 FPGA 的 PLC 输入存储与读取控制器的设计[J]. 仪表技术与传感器,2014(6):33 – 36.

[8] 李静,蔡启仲,张炜,等. 基于 FPGA 的并行操作逻辑运算控制器的设计[J]. 计算机测量与控制,2013(12):3380 – 3382,3392.

[9] 林植洲,蔡启仲,李克俭,等. 小型 PLC 通用人机界面装置设计[J]. 制造业自动化,2013(23):132 – 135.

[10] 蒋玉新,蔡启仲,李克俭. 基于 ARM_FPGA 的 PLC 通讯与编译的设计[J]. 微电子学与计算机,2013(6):165 – 168.

[11] 未庆超,蔡启仲,李克俭,等. PLC 手持编程器编译系统的设计[J]. 自动化与信息工程,2012(6):8 – 13.

[12] Wang Rui,Song Xiaoyu,Zhu Jianzhong. Formal modeling and synthesis of programmable logic controllers[J]. Computers in Industry,2011(62):23 – 31.

[13] Ren Shengle,Lu Hua,Wang Yongzhang. Development of PLC-based Tension Control System[J]. Chinese Journal of Aeronautics,2007(20):266 – 271.

[14] Akanksha Bhourasea,Keyur Solankia,Jalpa Shaha. Preheating of furnace feed oil using PLC[J]. Procedia Technology,2014(14):372 – 379.

[15] Jaykumar Patel,Alpeshkumar Patel,Raviprakash Singh. Development of PLC Based Process Loop Control for Bottle Washer Machine[J]. Procedia Technology,2014(14):365 – 371.